O QUE SENTEM OS ANIMAIS?

O que SENTEM os animais?

BARBARA J. KING

TRADUÇÃO BRUNO CASOTTI

Título original: *How Animals Grieve*
© 2013 by Barbara J. King
Published by arrangement with The University of Chicago Press, Chicago

© 2014, by Lexikon Editora Digital
Direitos de edição da obra em língua portuguesa adquiridos pela Lexikon Editora Digital Ltda.

Todos os direitos reservados. Nenhuma parte desta obra pode ser apropriada e estocada em sistema de banco de dados ou processo similar, em qualquer forma ou meio, seja eletrônico, de fotocópia, gravação etc., sem a permissão do detentor do copirraite.

Lexikon Editora Digital Ltda.
Rua da Assembleia, 92/3º andar – Centro
20011-000 Rio de Janeiro – RJ – Brasil
Tel.: (21) 2526-6800 – Fax: (21) 2526-6824
www.lexikon.com.br – sac@lexikon.com.br

DIRETOR EDITORIAL
Carlos Augusto Lacerda

EDITOR
Paulo Geiger

PRODUÇÃO EDITORIAL
Sonia Hey

ASSISTENTE DE PRODUÇÃO
Luciana Aché / Rafael Santos

REVISÃO
Juliana Trajano / Isabel Newlands

EDITORAÇÃO E CAPA
Sense Design & Comunicação

CIP-BRASIL. CATALOGAÇÃO NA PUBLICAÇÃO
SINDICATO NACIONAL DOS EDITORES DE LIVROS, RJ

K64q

    King, Barbara J., 1956-
        O que sentem os animais? / Barbara J. King ; tradução Bruno Casotti. - 1. ed. - Rio de Janeiro : Odisseia, 2014.
    224 p. ; 23 cm.

    Tradução de: How animals grieve
    Inclui bibliografia
    ISBN 978-85-62948-20-6

    1. Animais - Comportamento. 2. Zoologia I. Título.

PARA CHARLIE, SARAH E BETTY
E PARA OS GATOS MICKEY E HORUS,
GRAY & WHITE E MICHAEL;
OS COELHOS CARAMEL E OREO;
E TODOS OS OUTROS ANIMAIS
QUE AMAMOS E PERDEMOS

TUDO É O QUE É
MAS ESTÁ FALTANDO VOCÊ.
BRUCE SPRINGSTEEN

SUMÁRIO

Prólogo: sobre perda e amor : 9

1. Chorando a morte da gata Carson : 21

2. O melhor amigo de um cão : 33

3. Luto na fazenda : 46

4. Por que coelhos ficam deprimidos : 57

5. Ossos de elefantes : 70

6. Macacos sentem a dor da perda? : 84

7. Chimpanzés, cruéis para serem gentis : 100

8. Amor de aves : 113

9. Mar de emoções: golfinhos, baleias e tartarugas : 124

10. Sem limites: luto interespécies : 134

11. Suicídio animal? : 144

12. O luto dos macacos : 156

13. Sobre a morte de bisões em Yellowstone e obituários de animais : 167

14. Escrevendo sobre o luto : 181

15. Varrer o luto com o tempo : 191

Epílogo : 203

Agradecimentos : 211

Leitura e Recursos Visuais : 214

PRÓLOGO: SOBRE PERDA E AMOR

Um indivíduo está deitado, imóvel, separado do grupo. Todos os outros estão alvoroçados, fazendo seus trabalhos e mantendo a comunidade de alta atividade em funcionamento a todo vapor. Mas aquele que está sozinho jaz morto – e ignorado.

Dois dias depois, um cheiro começa a exalar do corpo, um forte odor de substância química. Logo outro indivíduo aproxima-se e carrega o cadáver para um cemitério próximo, onde o corpo junta-se a muitos outros, num eficiente processo de remoção. Ninguém o pranteia.

Seria esta uma cena de um filme de zumbis – no gênero sempre de plantão permanentemente ressuscitado em Hollywood, em Burbank e recentemente na indústria editorial? Afinal de contas, que cultura, na vida real, poderia lidar com seus mortos dessa maneira fria, mecânica? Os seres humanos, em toda parte, praticam rituais elaborados: na preparação do corpo, no conforto aos que sofreram a perda, na condução do recém-falecido à vida após a morte (ou, pelo menos, para a terra fria e dura).

Mas não, este cenário de cemitério não tem a ver com seres humanos, mas com formigas. O biólogo E. O. Wilson observou esse modelo de comportamento na década de 1950: quando uma formiga morre ela jaz ignorada por alguns dias, e então chega outra formiga e carrega o corpo ao que, para as formigas, seria o equivalente a um cemitério. A liberação de ácido oleico do corpo da formiga, cerca de dois dias após a morte, desencadeia em outras formigas a reação de carregar o corpo. Assim relatou Wilson a Robert Krulwich.

Se um cientista curioso apanhar uma formiga, aplicar um pouco de ácido oleico em seu corpo e devolvê-la à trilha percorrida pelas formigas, ela – ainda bem viva – também será carregada para um cemitério, debatendo-se o tempo todo. O comportamento desses insetos com relação à morte é, até onde podemos saber, regido puramente por substâncias químicas. Mesmo admitindo a possibilidade de que os entomologistas não saibam reconhecer demonstrações de emoção em insetos, sinto-me à vontade para lançar a hipótese de que as formigas não sofrem com a morte de suas companheiras.

No reino animal, as formigas são um exemplo extremo. Ninguém espera que um chimpanzé ou um elefante reajam tão mecanicamente a uma baforada de substância química. Os chimpanzés e elefantes são "espécies verdadeiramente emblemáticas" da cognição e emoção dos animais. Planejadores inteligentes e solucionadores de problemas, esses mamíferos de cérebro grande são emocionalmente ligados aos outros de sua comunidade. Sensíveis em relação àqueles com os quais convivem, eles podem gritar ou trombetear sua alegria quando reencontram suas companhias preferidas depois de uma separação.

Esses animais não apenas "exibem vínculos sociais", como costuma sugerir a linguagem afetada da ciência do comportamento animal. As emoções que os chimpanzés e elefantes sentem uns pelos outros estão intimamente vinculadas às suas complexas respostas cognitivas ao mundo. Os chimpanzés são seres culturais que, dependendo de onde eles vivam, aprendem de maneira específica seus padrões na utilização de ferramentas – capturar cupins, abrir nozes duras ou espetar gálagos em buracos de árvores. E, como no velho clichê, os elefantes nunca esquecem. Eles se lembram vividamente de acontecimentos, a ponto de poderem sofrer o transtorno de estresse pós-traumático (TEPT), como quando seu sono é perturbado por pesadelos após testemunharem a matança de parentes ou amigos pelos caçadores de marfim.

Chimpanzés e elefantes sentem a dor da perda. Cientistas de campo pioneiras, Jane Goodall – observando chimpanzés na Tanzânia – e Cynthia Moss – estudando elefantes no Quênia – relataram, anos atrás, observações de primeira mão sobre a tristeza que esses animais sentem pela morte de entes queridos. É natural, portanto, que chimpanzés e elefantes apareçam neste livro. Os mais recentes avanços científicos acrescentam profundidade e novos detalhes fascinantes aos relatos originais de Goodall e Moss sobre o luto nessas espécies.

O luto animal é, no entanto, expresso e observado muito além das florestas e savanas africanas. Neste livro, visitaremos diversos ecossistemas para discutirmos o que já foi descoberto sobre o modo como aves, golfinhos, baleias, macacos, búfalos, ursos e até tartarugas podem sentir suas perdas. Também daremos uma espiada em residências e vamos nos aventurar por fazendas para descobrir como animais de estimação – gatos, cachorros, coelhos, cabras e cavalos – sentem o luto.

Historicamente, a ciência tem subestimado bastante o raciocínio e o sentimento animal. Mas agora, os cientistas – muitas vezes armados de evidências gravadas em vídeo – estão nos mostrando que outras espécies de animais pensam e sentem com mais profundidade do que supúnhamos.

Consideremos, por exemplo, as cabras e as galinhas, dois animais a cujo potencial de raciocínio e sentimento quase não dei atenção, durantes anos. Quantas vezes olhei para cabras agrupadas em fazendas ou currais, perto de minha casa na Virgínia ou em minhas viagens à África, mas na verdade não as vendo? E o mesmo posso dizer em relação às galinhas. Assim como a maioria das pessoas, eu crio implicitamente uma hierarquia mental de animais no que tange à cognição e à emoção. Durante anos, minha suposição, ainda que subconsciente, foi a de que, nessa escala, os chimpanzés e elefantes estão acima de animais como cabras ou galinhas, que só estariam em segundo plano – ou em nossos pratos.

A carne de cabra é a mais consumida no mundo, e um alimento básico no México, na Grécia, na Índia e na Itália. E, nos últimos anos, também tem conquistado espaço em pratos mais bem cotados nos Estados Unidos. Não como carne de cabra; sou uma quase vegetariana há algum tempo. Só recentemente, depois de passar um tempo com algumas cabras da vizinhança, corresponder-me com amigos que criam cabras e ler *Goat Song,* memórias de Brad Kessler, comecei a enxergar esses animais como as criaturas complicadas que são.

Conheci as cabras Bea e Abby – mãe e filha de linhagem desconhecida – numa tarde ensolarada no ano passado. Elas residem no 4BarW Ranch, a casa de Lynda e Rich Ulrich, perto da minha, no condado de Gloucester, na Virgínia. Quando conheci Lynda e Rich, percebi, imediatamente, que estava na presença de gente que pensa e sente como eu. Cabras, cavalos, cães e um gato resgatados por eles circulam pelo rancho, e meus anfitriões estavam cheios daquelas boas histórias que pessoas que resgatam animais adoram trocar.

BEA E ABBY. *FOTO DE DAVID L. JUSTIS, MD.*

Bea tem um belo tom de branco-encardido, uma barba rala e um jeito calmo; sua filha, Abby, tem a mesma cor, mas não tem barba. Lynda e Rich primeiro adquiriram Bea, e só mais ou menos seis semanas depois Abby se juntou às outras cabras do rancho, onde elas passeiam juntas dentro de um grande cercado. Quando se reencontraram, Bea e Abby expressaram um sentimento que só poderia ser chamado de alegria de cabra. Elas o vocalizaram juntas, roçaram seus rostos um no outro e se acariciaram, numa explosão de afeto mútuo que trouxe lágrimas aos olhos de Lynda.

Em seu livro, Kessler explica isso da seguinte maneira:

"Quanto mais tempo eu passava com nossas cabras, mais complexa e maravilhosa parecia ser a vida emocional delas: seus humores, desejos, sensibilidade, inteligência, apego ao lugar e de uma às outras, e a nós. Mas também o modo como elas transmitiam mensagens com seus corpos, suas vozes e seus olhos, e que não posso nem tentar traduzir: sua canção de cabras."

As tragédias gregas já foram conhecidas como "canções de cabra", talvez porque cabras fossem dadas aos vencedores de concursos de teatro atenienses – e depois sacrificadas. Quando isso acontecia, as pessoas ofereciam uma canção ritual, mas, como veremos mais tarde, as vozes das cabras também podem lamentar uma morte.

As cabras não fazem ferramentas, como os chimpanzés, e é provável que não se recordem de eventos passados ou tenham lembranças traumáticas como os elefantes. A autoconsciência delas não é tão desenvolvida, e elas não reconheceriam, por exemplo, sua própria imagem num espelho. Mas será que chimpanzés e elefantes devem ser o padrão por excelência do raciocínio e sentimento animal? A boa ciência do comportamento animal tem-nos forçado a repensar a tradição de avaliar o modo como macacos e elefantes pensam e sentem com base na natureza de nosso próprio modo. Também não é uma boa prática avaliar todos os outros animais tendo chimpanzés e elefantes como parâmetro. O raciocínio e o sentimento das cabras são próprios delas.

E as galinhas? Desde a infância até meus cinquenta e tantos anos, consumi centenas de galinhas. Os pratos de frango eram meus favoritos quando jantava fora. Os termos "inteligência de galinha" e "personalidade de galinha" me pareciam uma descrição contraditória e não razoável da realidade das galinhas. Tudo isso – a dieta e o conceito – mudou como resultado das histórias de quem não acredita nisso.

Isso começou com Jeane Kraines, uma amiga que cria galinhas em sua casa num subúrbio de Nova Jersey. Ela já teve quatorze ao mesmo tempo, e adquiriu o hábito de deixá-las passear pelo bairro para visitar os vizinhos. "Certa vez, eu as encontrei numa festa de despedida de solteira de uma noiva", contou-me ela, "todas as convidadas num círculo em volta delas. À tardinha, elas voltavam e eu fechava a porta antes de anoitecer."

"O resgate na piscina" era a história de Jeane de que eu mais gostava. Um dia, na cozinha, ela ouviu gritos assustados vindos do quintal, e as galinhas correndo pelo deque. "Elas estavam batendo furiosamente com seus bicos na porta de correr", recorda Jeane. "Corri imediatamente para fora e elas saíram em disparada, e eu atrás tentando acompanhá-las. Fomos diretamente para a piscina. Ali, vi Cloudy, a galinha favorita de todo mundo, batendo suas asas dentro da piscina. Eu a peguei e a retirei dali." Jeane tem certeza de que a vida de Cloudy só foi salva graças à engenhosa ação de seu bando.

A sequência de ações dessas galinhas é impressionante. Elas reconheceram que uma companheira estava em apuros; souberam onde buscar ajuda no mundo dos seres humanos e como conseguir a atenção de um deles; e, de maneira bastante coerente, direcionaram imediatamente esse ser humano para a fonte do problema.

Ao contar as espertezas e virtudes sociais da "galinidade", o livro *Chicken*, de Annie Potts, balançou meu mundo. Potts descreve o modo como as galinhas podem fazer muito do que nós, humanos, apreciamos – elas podem reconhecer até cem rostos distintos e um objeto inteiro do qual só é mostrada uma parte. O melhor da autora é quando ela foca em determinadas galinhas, tais como o carismático frango Mr. Henry Joy, que, por sua personalidade, se tornou um animal de terapia muito querido em abrigos de idosos.

Potts aborda a questão do luto numa história contada pelo zoólogo Maurice Burton. Uma galinha velha e quase cega era ajudada por uma segunda galinha, jovem e em boa forma. A mais nova recebia comida para sua companheira e a ajudava a se instalar num ninho à noite. Então, a galinha velha morreu. A mais nova parou de comer e ficou fraca. Duas semanas depois, ela também morreu. As galinhas pensam e sentem. Elas sofrem com a morte.

Mas isso que acabei de afirmar – que as galinhas sofrem com a morte – está numa forma muito sucinta. Seria mais exato expressá-lo da seguinte maneira: dependendo de sua personalidade e do contexto, as galinhas ficam de luto, assim como alguns chimpanzés, elefantes e cabras; essa capacidade de estar de luto pode ou não ser expressa, assim como acontece com os seres humanos. É possível viver com galinhas, ou cabras, ou gatos, e não testemunhar qualquer manifestação dramática de luto quando um membro do rebanho, do bando ou da casa morre.

Haveria alguma diferença nos seres humanos? Em sua coluna "Metropolitan Diary" de 16 de janeiro de 2012, o *New York Times* publicou um relato de Wendy Thaxter sobre o dia em que ela e sua irmã estavam cuidando de uma horta comunitária em Manhattan. Uma mulher, que nem ela nem sua irmã conheciam, aproximou-se com um saco de papel contendo as cinzas de seu pai. Ela queria saber se as cinzas poderiam ser espalhadas na horta, entregou-lhes o saco e foi embora dizendo: "Aqui, peguem isso, por favor. Seu nome era Abe, e dele eu já tive mais do que o suficiente." Podemos rir desse comentário, mas a questão aqui é que não adianta tentar prever como um indivíduo poderá reagir diante da perda de um parente ou de alguma outra pessoa importante em sua vida. As pessoas podem não sentir uma perda quando alguém próximo a elas morre. Ou podem sentir por dentro, de uma maneira invisível para os outros, ou sofrer apenas quando estão sozinhas.

Ao escrever sobre a aflição da perda nos animais estou seguindo por uma corda muito esticada entre dois mastros: o primeiro é essa vontade de reconhecer a vida emocional dos outros animais; o outro é minha necessidade de honrar a singularidade do tipo de animal que nós, humanos, somos. Afinal de contas, sou uma antropóloga. Os antropólogos descreveram muitas maneiras pelas quais nossa espécie é única no modo como choramos nossos mortos. Assim como os chimpanzés não são formigas controladas por substâncias químicas, nós, humanos, não somos chimpanzés mais elaborados. Dentre todos os animais, apenas nós antevemos plenamente a inevitabilidade da morte. Entendemos que, um dia, nossas mentes apagarão, nossa respiração cessará – aos poucos ou em horrível subitaneidade, não podemos saber. Expressamos de mil maneiras gloriosas ou atormentadas as nossas perdas, as perdas daqueles que amamos.

Quando uma criança morre – uma criança que deveria ter vivido décadas além de nós – podemos gritar de tristeza, e alguns conseguem dar a esse grito uma forma de arte. "Estripa-me", escreve Roger Rosenblatt num livro sobre a morte repentina de sua filha, mãe de três crianças pequenas. "Fatie-me ao longo do meridiano da terra, de norte a sul. Deixe meus ossos fora de minha pele." Nenhum outro animal expressa o luto dessa maneira, ou acompanha a morte com cerimônias tão variadas quanto são os idiomas do planeta. Desde os tempos em que nossos ancestrais espalhavam ocre vermelha sobre os corpos, há muitos milhares de anos, se começou a oferecer aos mortos artigos que eram colocados nas sepulturas para suas vidas após a morte. Desde que inventamos tumbas, cremações e a *shivá*[1]; e desde que começamos a celebrar a morte no *Facebook* e no *Twitter*, ao longo do último milênio nós nos reunimos para ritualizar nosso luto. Agimos de um modo segundo o qual nenhum outro animal age diante da morte.

O luto da cabra, portanto, não é o luto da galinha. E o luto da galinha não é o luto do chimpanzé, ou do elefante, ou do ser humano. As diferenças importam. Mas há tantas diferenças entre as espécies quanto há entre indivíduos da mesma espécie. A grande lição da

---

[1] Costume judaico de os parentes próximos do falecido ficarem sentados em sua casa durante sete dias após o sepultamento. [N. do E.]

pesquisa sobre o comportamento animal no século XX é que não existe uma maneira única de ser chimpanzé, ou cabra, ou galinha, assim como não existe uma maneira única de ser humano.

Somos semelhantes, os humanos e os outros animais, e somos diferentes. Equilibrada entre esses mastros, acho os pontos comuns mais convincentes. Acho que isso se deve ao fato de os animais, assim como nós, sofrerem quando amam. Talvez possamos até mesmo inferir que esse luto animal é uma prova de que os animais amam.

Seria estranho escrever sobre o amor animal? Seríamos capazes de reconhecer o que é amor para um macaco ou, ainda mais difícil, para uma cabra? Descrever plenamente o que isso significa para os seres humanos exige mais do que medir picos hormonais no sangue de uma pessoa apaixonada ou representar em gráficos as palavras, os gestos e os olhares compartilhados por um novo casal. A ciência pode ajudar a medir o amor, mas não pode contar toda a história. Certamente esse desafio à ciência aprofunda-se quando lidamos com criaturas que pensam e sentem mas não têm uma linguagem, ou pelo menos não uma linguagem com palavras e frases, como as conhecemos.

Renomado estudioso de comportamento animal e ativista em defesa dos animais, Marc Bekoff reconhece que a questão do amor entre animais pode suscitar ceticismo, o qual ele contesta com empolgação. Desde que nos tornamos pessoas, observa Bekoff, temos sempre enfrentado a dificuldade de definir ou compreender o amor. "E ainda assim", ele escreve, "embora não compreendamos verdadeiramente o amor, não negamos sua existência, nem seu poder. Vivenciamos ou testemunhamos o amor todos os dias, de centenas de formas diferentes; na verdade, a dor da perda não é mais do que o preço do amor. Como os animais sentem a dor da perda, certamente eles sentem amor também."

Com base na ciência da emoção animal, conforme explorada por Bekoff, em Goodall, Moss e outros cientistas, sinto-me confortável para trabalhar numa plataforma de expectativas sobre o amor animal que pode ser vista também como uma hipótese a ser testada no futuro. Eis a ideia central: quando um animal sente amor por outro, ele sairá de seu caminho para estar perto do ente querido e interagir positivamente com ele, por motivos que podem incluir suas necessidades de sobrevivência, tais como a procura de alimentos, a defesa de predadores, o acasalamento e a reprodução, mas também ir além delas.

Na estrutura que quero usar, essa escolha ativa, feita por um animal, de estar com outro é uma condição necessária – um fundamento básico para o amor. Mas é apenas uma condição necessária, e não suficiente para alegar que identificamos o amor animal. Outro ingrediente é também primordial: se os animais já não puderem ficar juntos, por um motivo ou outro, incluindo a morte do parceiro, o animal que ama sofrerá visivelmente. Ele pode se recusar a comer, perder peso, adoecer, agir com indiferença ou comportar-se de alguma outra maneira atípica, ou exibir uma linguagem corporal que transmite tristeza ou depressão.

Para minha definição funcionar, é preciso distinguir, na maioria dos casos, entre dois tipos de situação. Considere duas chimpanzés selvagens que chamaremos de Moja e Mbili, que fazem juntas suas jornadas, descansam juntas e cuidam uma da outra. Talvez eles façam isso porque sentem algum tipo de emoção positiva um pelo outro. Ou talvez não haja tanta emoção envolvida. Talvez Moja e Mbili só tenham criado o hábito de se associarem uma à outra e ficariam contentes da mesma maneira com outra companhia feminina, se houvesse necessidade.

Como os cientistas poderiam conceber qual dessas duas interpretações está correta – se é que alguma delas está? (Seja qual for o caso, a aliança pode ser benéfica no que tange a adquirir recursos; lembre-se que as necessidades de sobrevivência não estão excluídas por essa definição de amor, mas precisam ser complementadas por algo mais.)

Por meio de observação cuidadosa e, de forma mais eficiente, por meio da análise de filmes que registraram suas interações, talvez sejamos capazes de reconhecer o amor na, digamos, intensidade com que Moja e Mbili buscam uma à outra e se abraçam quando se encontram, ou no cuidado com que tratam uma da outra.

Mas seria um grande erro aplicar de maneira excessivamente liberal o termo "amor" às relações animais. Excessos antropomórficos podem nos levar a deixar de notar distinções cruciais. E é aqui que entra nossa segunda e suficiente condição. Se Moja e Mbili sentem amor, uma delas mostrará sinais de tristeza quando forçada a separar-se da outra, principalmente se a outra morrer.

Mas esta abordagem em duas partes para avaliar a dor da perda no mundo animal não é perfeita. Pode subestimar a dimensão do amor animal, porque a condição suficiente – separação ou morte – nem sempre são observáveis. Inversamente, é possível que um animal que não ama um companheiro possa assim mesmo sentir tristeza quando ele morre. Outro problema é que podemos não ser capazes de distinguir diversas formas de amor. Se Moja e Mbili são mãe e filha, será que o amor delas é diferente do forte sentimento que pode ser compartilhado por duas fêmeas de origens diferentes que se conhecem somente depois de migrarem para a mesma comunidade?

Obviamente, pode ser difícil fazer essa distinção mesmo quando se trata de seres humanos. O amor que se sente pela família, ou por um amigo, ou pelo cônjuge ou companheiro de vida pode diferir, assim como o sentimento de dor que se segue à perda desses vários amores. Mas será que essas diferenças emocionais são visíveis para aqueles que as observam de fora (como temos de fazer com os animais)? Só às vezes.

O terreno da emoção animal apresenta desafios significativos para os observadores. Minha proposta é um ponto de partida. Sobretudo, precisamos sempre considerar a possibilidade de o amor ou o luto animal parecer bem diferente de nosso amor ou nosso luto, ou da emoção de outros primatas que vivem em grupo, como os chimpanzés, cujas ações podemos entender facilmente.

Enquanto você lê as histórias deste livro, e assiste a vídeos que estou sugerindo na seção "Leituras e recursos visuais", tenha em mente a "definição ideal" de luto que propus e o modo como ela está relacionada ao amor. Alguns dos animais descritos nestas páginas correspondem claramente às condições que conhecemos ao amor e ao luto, mas não todos. Em alguns casos, vislumbramos curiosos indícios de luto e amor; em outros casos, os relatos relevantes são opacos demais para permitir qualquer certeza quanto ao que os animais sentem. No entanto, nesse estágio da busca dos seres humanos para entender o luto animal, mesmo indícios e observações opacas importam, porque nos levarão a fazer perguntas mais criteriosas quando, no futuro, observarmos animais.

Depois de todos os cuidados e restrições que, como cientista, sinto-me obrigada a considerar, eis aonde quero chegar: quando encontramos o luto animal, tendemos a encontrar o amor animal, e vice-versa. É como se os dois tivessem limites emocionais em comum. Pense nisso como se estivesse olhando para uma daquelas conhecidas ilusões de ótica. Você olha para um desenho e vê claramente um coelho, mas quando olha por mais tempo ocorre uma mudança visual e de repente é um pato.

Nestas páginas, veremos o luto animal em coelhos, patos e várias outras espécies. Mas veremos também o amor animal.

1 CHORANDO[2] A MORTE DA GATA CARSON

A casa de Karen e Ron Flowe, em Gloucester, Virgínia, está com uma decoração alegre. Velas irradiam boas-vindas em cada janela; uma árvore de Natal toda branca enfeita a entrada e uma árvore multicolorida reluz no andar de cima. Já faz muito tempo que música, comida e expectativa especiais das festas de dezembro encantam esta casa.

Este ano, porém, há um toque de tristeza no ar. Willa, uma gata siamesa, vagueia de um cômodo enfeitado para outro, parando primeiramente na otomana em frente à lareira. Com um olhar sobre a almofada macia e quente ela deixa escapar um gemido. Segue para o quarto principal, pula para a cabeceira da cama e enfia o rosto e o corpo dentro de uma cavidade aconchegante atrás dos travesseiros. Ela olha, e olha; outro gemido lhe escapa. É repentino e terrível, não é um ruído que se esperaria de um gato.

Willa não consegue ficar quieta. A única coisa que ajuda é quando ela é envolvida num abraço por Karen ou Ron, ou quando descansa no colo de um dos dois. Ela está procurando sua irmã Carson, que morreu no início do mês. Pela primeira vez em quatorze anos, Willa já não é uma irmã, já não é a metade mais expansiva e dominante da duradoura parceria Willa-Carson.

Ela é Willa, sozinha. E ela sofre a perda.

---

[2] O termo *keening*, do original, refere-se a um grito de dor ante a morte de alguém. [N. do T.]

Willa e Carson – assim chamadas em homenagem às famosas escritoras Willa Cather e Carson McCullers – chegaram a este lar literário da Virgínia no dia do aniversário de Shakespeare, 23 de abril. Willa era a gorducha da ninhada. Carson foi oferecida pela metade do preço. Um pouco mirrada, admitiu o vendedor.

Carson agia de maneira peculiar desde a primeira semana. Com uma acuidade sensorial incomum, arrepiava-se diante do menor ruído ou movimento. Durante um vendaval, subiu no ombro de Ron e comprimiu-se contra o pescoço dele. Às vezes, e estranhamente, atravessava um aposento não em linha reta, mas caminhando em círculos. Não miava, e até seu ronronar era fraco; os Flowe concluíram que ela era muda.

Então veio a ablação das unhas. Willa e Carson foram juntas para a cirurgia (como muitos de nós, os Flowe retiravam as unhas de gatos domésticos rotineiramente, durante anos, mas já não apoiam essa prática). O veterinário, porém, deixou de retirar uma das unhas de Willa e ela voltou para complementar o tratamento. Deixada em casa, Carson começou a gritar, recorda Karen. Carson procurava Willa pela casa e chorava.

WILLA E CARSON. *FOTO DE KAREN S. FLOWE.*

As irmãs logo voltaram a ficar juntas, e seguiu-se uma vida contente, regida por banhos de sol, comida excelente e colos carinhosos. Sempre a líder, Willa corria para um dos seus lugares favoritos – a otomana aquecida ou um canto predileto da cama – e Carson a seguia. Uma vez acomodado, o par costumava pressionar seus corpos levemente um contra o outro, como as asas unidas de uma borboleta. Se uma adoecia, a outra cuidava da irmã, e a limpava.

Quando ficou mais velha, Carson lutou contra uma artrite grave e desenvolveu um incômodo problema de constipação intestinal. Ela perdeu peso e foi necessária uma cirurgia. As idas ao veterinário tornaram-se uma rotina. Quando Carson estava fora de casa, Willa ficava mal-humorada, mas essas separações eram breves, e Carson sempre se recuperava de suas fases ruins para manter uma relação ativa com a irmã.

Então, num dia de dezembro, Carson começou a tremer, um sintoma que até então não apresentara. A temperatura de seu corpo caiu e, por recomendação do veterinário, ela foi posta numa incubadora. Naquela noite, encostada no calor da incubadora, Carson foi dormir e nunca mais acordou.

Ron e Karen ficaram agradecidos por Carson ter morrido dormindo, sem sofrimento algum. Mas a tristeza deles foi grande. Willa, de início, manifestou aquele mau humor moderado do tipo algo-não-vai-muito-bem, que uma irmã geralmente demonstrava quando separada da outra. Os Flowe previram que em seguida poderia vir uma resposta mais forte, mas não estavam preparados para o que aconteceu.

"Dois ou três dias depois", conta Karen, "Willa começou a agir de maneira estranha. Ela ficava procurando Carson e começou a emitir sons que nunca havíamos ouvido dela, e que, na verdade, nunca ouvi de animal algum. Para ser literata, eu li literatura irlandesa, que fala de gritar de dor ante a morte[3] – e esse grito parece ser o que há de mais próximo do que ela estava fazendo. Willa procurava o tempo todo, e de repente soltava aquele horrível...",

---

[3] Ver a nota referente ao título do capítulo.

a voz de Karen embargou e, em seguida, ela se recuperou: "Assim que eu a pegava no colo, ela parava. Estava sofrendo. Agora está melhorando, como acontece com os seres humanos."

Estaria Willa expressando a dor da perda? Não poderia ser que ela estivesse apenas incomodada com a mudança repentina no seu dia a dia? Escrevendo para a revista *Modern Dog*, Stanley Coren comentou exatamente esse ponto, que também se aplica aos gatos: "No mundo do comportamento animal, em geral, ainda não se sabe se os cachorros realmente sofrem com a perda de um ente querido ou simplesmente exibem uma ansiedade relacionada à mudança na rotina."

Os céticos adoram gritar "Antropomorfismo!", sugerindo que os amantes de animais atribuem imediatamente emoções humanas a outras criaturas. E os céticos têm um argumento: em vez de aceitar sem críticas a existência do luto animal, ou do amor animal, ou de qualquer outra emoção complexa em animais, deveríamos primeiramente levar em conta outras explicações mais simples. No caso de Willa e Carson, sabemos algo relevante sobre sua longa história juntas. Sabemos que, depois da cirurgia de ablação de unhas, Carson chamou por Willa, embora Willa estivesse fora de casa apenas temporariamente.

Mas a reação de Willa após a morte de Carson foi de uma ordem de grandeza diferente de tudo o que acontecera antes. Karen está convencida de que Willa tinha intuído o caráter definitivo da ausência da irmã. Em parte, isso pode ter sido desencadeado pelo próprio luto de Karen e Ron, visível e audível para Willa. E em parte, também, pode estar relacionado à escolha que as irmãs faziam, dia após dia, de entrelaçar seus corpos. Poderia essa fisicalidade ter levado a algum tipo de conhecimento incorporado? Teria Willa, de alguma forma, percebido, quando já não podia se enroscar na irmã, que a ausência de Carson era permanente?

Quero enfatizar que o luto animal não depende do domínio cognitivo de um conceito de morte. Esta é uma recorrente mensagem das histórias e da ciência apresentadas neste livro. Nós, humanos, prevemos – às vezes temendo, às vezes aceitando – a morte e, depois de certo momento da infância, entendemos o que significa morrer. Talvez alguns outros animais tenham um senso desse caráter definitivo, como afirma Karen em relação a Willa. Mas, conforme observei no prólogo, minha definição de luto está associada não a um feito do pensamento, e sim do sentimento. O luto aflora porque dois animais criam um vínculo, cuidam um do outro, talvez até amem – por causa da certeza íntima de que a presença do outro é tão necessária quanto o ar.

Quando isso aconteceu com Carson, o coração de Willa arcou com essa certeza. Karen pergunta-se o que podia fazer por Willa, a sobrevivente, além de lhe dar uma dose extra de afeição. Ela pensou em adquirir outro gato adulto, a fim de restaurar a simetria siamesa da casa. Mas estava ciente de uma verdade poderosa, ainda que simples, que ultrapassa os limites entre as espécies: os entes queridos são insubstituíveis.

Em *Histórias naturais: o dia a dia dos animais, nossos amigos*, uma série de ensaios do século XIX dedicada a animais do interior da França, Jules Renard escreve sobre um boi chamado Castor. Certa manhã, Castor sai de seu abrigo e vai, como de hábito, para sua canga. "Como um criado sonolento, com a vassoura à mão, ele segue ruminando enquanto espera por Pollux", seu parceiro de longa data.

Mas algo aconteceu. O que é, precisamente, Renard não diz. O cachorro late nervoso. Os trabalhadores da fazenda estão correndo para lá e para cá e gritam. E, ao seu lado, Castor parece estar "se contorcendo, se debatendo, se enfurecendo". Ao virar-se para olhar, ele vê não Pollux, mas outro boi. "Castor sente falta de seu parceiro", escreve Renard, "e ao ver o olhar perturbado desse boi desconhecido ao seu lado, ele para de ruminar".

Quanto sentimento Renard põe nessa simples passagem! Castor não se contenta com um boi qualquer; é Pollux que ele conhece, é de Pollux que ele sente falta. Os animais se importam um com o outro como indivíduos. Irmãs se importam.

Por fim, Karen e Ron adotaram uma gata jovem chamada Amy, uma linda russian blue com um belo "medalhão" de pelos brancos no peito. Amy fora deixada num abrigo de animais por um criador de gatos russian blue puros: aqueles poucos e bonitos pelos brancos, fora do padrão de sua raça, a faziam valer menos. (A rejeição do criador a Amy reforça minha decisão de adotar animais provenientes de abrigos ou outras organizações que os resgatam, como fizemos com nossos seis gatos domésticos.) Quando Karen visitou o abrigo em busca de uma companhia para Willa, Amy subiu em seu colo e acomodou-se ali, ronronando. E Amy escolheu Karen naquele dia, Karen escolheu Amy.

Ao levar a jovem gata para Willa, Karen esperava explorar um fenômeno que cientistas de comportamento animal descobriram décadas atrás: quando emocionalmente perturbado, um animal social pode se beneficiar muito cuidando de um companheiro mais jovem. Esse princípio ficou confirmado depois de "experiências de separação" realizadas nos anos 1960 por Harry Harlow e seus colaboradores, que procuravam entender a natureza do vínculo mãe-filhote em macacos e o que acontece na ausência desse vínculo.

Esses cientistas tornaram-se conhecidos por demonstrar que macacos reso jovens ficam psicologicamente perturbados após seis meses ou um ano de isolamento. Sem a companhia e o conforto de suas mães ou outros companheiros, os macacos ficavam balançando para frente e para trás, abraçavam a si mesmos e agiam exatamente de acordo com o que eram: primatas fortemente deprimidos. É doloroso ler sobre essas experiências agora, porque os macacos sofreram muito para que se provasse um argumento que, em retrospecto, parece incrivelmente óbvio.

Quando apresentados a outros macacos da mesma idade que haviam sido criados normalmente, esses macacos perturbados não conseguiam lidar bem com eles. Por não terem experiência social, eles nada sabiam sobre os sinais corretos que deveriam dar a seus colegas para produzir encontros positivos. Mas quando se lhes dava uma oportunidade de passar algum tempo com macacos mais jovens normais, até mesmo os macacos prejudicados, destroçados e sem mãe começavam a melhorar. De acordo com o que os cientistas descobriram, os macacos mais jovens funcionavam como uma espécie de terapeutas. Num artigo publicado em 1971, Harlow e Stephen Suomi escreveram: "Isolados sociais de seis meses de idade expostos a macacos normais de três meses tiveram, basicamente, uma recuperação social completa."

O que as experiências com macacos demonstraram é o conforto que consiste em responder – mesmo quando se tem dor emocional – a criaturas mais jovens e menos ameaçadoras do que você. É claro que Willa não era uma isolada social, e assim a analogia com as experiências com macacos vai longe demais. Mas a ideia, de maneira geral, é semelhante. Quando Amy chegou em casa, Willa vocalizou sua objeção. Ela fez um barulho totalmente diferente do choro por Carson, um rosnado mais parecido com o rugido de um leãozinho. E, com isso, sua posição ficou clara: Willa não se empolgou ao ver aquela gata desconhecida invadir seu território de repente, por mais jovem e amigável que ela fosse.

Logo, porém, Willa começou a se envolver com o que estava acontecendo à sua volta de maneira mais ativa do que nos meses anteriores. Ela procurava ativamente estar no mesmo cômodo da recém-chegada. "Willa tinha algo novo em que pensar", disse-me Karen com um sorriso. Embora sua reação inicial não tivesse sido calorosa, Willa foi atraída pela presença de Amy a sair de seu estado de retração, o estado de distanciamento emocional moderado em que se encontrava desde a perda de Carson.

De início, Willa e Amy mantinham distância, mesmo quando estavam no mesmo cômodo. Só havia uma situação em que elas toleravam a proximidade uma da outra: quando queriam estar fisicamente perto de Karen. Quando Karen relaxava no sofá ou se recostava na cama, as duas gatas assumiam suas posições, uma de cada lado – separadas com segurança pela pessoa que amavam. Isso continuou por mais ou menos seis meses. Até que, num dia de outono, Karen adormeceu no sofá com Willa aconchegada a ela. Depois de quase uma hora de cochilo, Karen acordou e encontrou Willa ainda no lugar próximo a seu quadril, e Amy mais acima, junto ao seu ombro. Agora as gatas estavam em contato, pelo com pelo. "E", como diz Karen, "não houve ruído feios!"

A relação entre Willa e Amy entrou em uma nova fase. Certa vez, Amy lambeu Willa da cabeça aos pés; Willa não emitiu qualquer gemido de prazer, mas permitiu a intimidade. E depois as duas gatas começaram a comer lado a lado, da mesma tigela. A relação que Willa e Amy desenvolveram é muito menos íntima do que aquela que Willa teve com sua irmã durante todos aqueles anos. Willa e Amy nunca se entrelaçam formando um círculo compacto nem se apertam uma à outra na formação de borboletas que as irmãs faziam. Willa escolheu um novo lugar favorito para dormir, que ela nunca frequentara quando Carson era viva. Ela se enfia no espaço entre os travesseiros de Karen e Ron, voltada para a madeira da cabeceira. Certa vez, Karen flagrou Amy investigando esse lugar, como se quisesse ver o que atraía Willa. Mas Amy nunca tenta dormir ali.

Um remanescente do compacto círculo das duas irmãs ainda perdura. Willa, quando cochila na cama ou na otomana (num lugar que compartilhava com a irmã), se dispõe na sua meia-lua. Para Karen, esta é uma imagem sugestiva, por ser tão incompleta: o espaço vazio faz com que se lembre de Carson. "Agora há um vazio na postura de Willa", diz Karen.

Karen sabe que o bem-estar físico e emocional de Willa melhorou desde a chegada de Amy. Willa engordou, é mais meticulosa ao se limpar e mais vigorosa em sua atitude na vida, em geral. As lembranças de Carson ainda estariam arraigadas à sua mente? Será que as imagens dela e da irmã compartilhando a otomana aquecida pela lareira lampejam em seus sonhos? Essa esfera da mente dos gatos não está ao alcance da ciência.

Em 2011, comecei a escrever semanalmente sobre antropologia e comportamento animal no blog 13.7, da NPR, dedicado a ciência e cultura. Num texto sobre o luto animal, apresentei uma versão reduzida da história de Willa e Carson. Os leitores postaram comentários sobre suas próprias experiências com animais que sofrem com a morte de outro.

A história de Kate B. tem fortes analogias com a de Willa e Carson. Durante quinze anos, dois gatos siameses irmãos, chamados Niles e Maxwell, viveram com os pais de Kate. Niles teve um câncer no pâncreas e, quando chegou a hora de sacrificá-lo, Maxwell acompanhou seu irmão ao veterinário. Logo, Maxwell se viu de volta à sua casa, cercado de lugares familiares e queridos, mas sem o irmão.

"Maxwell passou os meses seguintes vagando constantemente pela casa, soltando os gritos mais agoniados, à procura do irmão", relembrou Kate. Maxwell viveu apenas mais alguns meses. Durante esse período, seu maior conforto eram as visitas dos três gatos jovens de Kate, que eram levados para vê-lo e que criaram vínculos com ele. Agora, quando Kate leva os três à casa de seus pais, eles procuram por Maxwell, e um deles opta por dormir exatamente onde o gato da casa dormia.

As ligações fraternas, como a das irmãs Willa e Carson e a dos irmãos Niles e Maxwell, são conexões poderosas que, quando rompidas, podem levar ao luto. Gatos podem sentir a dor da perda de um companheiro, mesmo quando não há ligação sanguínea. Channah Pastorius descreveu a amizade entre Bóris – um gato malhado que encontrou num abrigo e adotou – e Fritz, um filhote que seu filho levou para casa. Os dois felinos brincavam de se atracar e dormiam com as pernas da frente entrelaçadas. Aos oito anos, Bóris teve insuficiência renal, mas, com bons cuidados veterinários e muito carinho, conseguiu viver mais dois anos e meio.

Até que o inevitável aconteceu, e Bóris foi sacrificado. O que ocorreu em seguida pode soar familiar. "Fritz lamentou a perda de Bóris com gemidos tristes e depressão", escreveu Channah. Ficou letárgico, sem interesse por seus brinquedos favoritos ou por qualquer outra coisa.

Mas um ponto em comum liga a história de Fritz às histórias de Willa e de Maxwell: quando um filhote preto apareceu no quintal da família e correu para dentro de casa, Fritz recuperou-se. Imediatamente, ele começou a brincar com o gatinho, batizado de Scooter pela família. Mais uma vez, um novo parceiro, e mais jovem, ajudou a amenizar pelo menos um pouco a dor da perda.

O luto pode cruzar até mesmo as fronteiras das espécies, como veremos nos capítulos seguintes.

Wompa, a gata de quinze anos de Kathleen Kenna, reagiu fortemente quando o cachorro da família, Kuma, de oito anos, morreu depois de longa enfermidade. Wompa deixava o cão limpá-la regularmente, e os dois agiam como melhores amigos. (Enquanto isso, o outro gato da casa não dava a mínima para o cachorro.) Alguns dias depois que Kuma sucumbiu ao câncer, Wompa começou a gemer alto. O choro estranho, intermitente, que para Kathleen soava como o de "uma alma penada", durou vários dias. A gata então passou a dormir à noite na extremidade da cama, lugar onde Kuma antes dormia.

Depois que comentei as reações dos animais num programa de rádio, Laura Nix, uma ouvinte, enviou-me um e-mail sobre duas gatas chamadas Dusty e Rusty, que viveram com amigos seus durante muitos anos. Elas eram irmãs, mas não tinham nada de Willa e Carson! A relação delas era absolutamente antagônica, a ponto de terem dividido a casa em dois territórios: Dusty vivia no andar de cima e Rusty, no andar de baixo. Quando Dusty começou a decair, já idosa, foi tratada com carinho pela amiga de Laura. Na noite em que morreu, na verdade no momento exato em que morreu, Rusty – que, como sempre, estava no andar de baixo e separada da irmã – soltou um único grito. Laura comentou: "Foi a única vez que a ouvi fazer um som como aquele. Não sei lhe dizer como, mas aparentemente ela soube."

Apesar de viver cercada de gatos, e estar atenta à possibilidade de que um animal expresse a dor da perda, eu nunca testemunhei isso num gato. Já perdemos gatos por doenças e idade avançada, mas os únicos distúrbios emocionais na minha casa foram o nosso próprio luto. Talvez parte da explicação seja o fato de que os gatos que perdemos eram ligados principalmente a nós, e não aos outros gatos. Nossos gatos são animais resgatados, e temos muitos. Seis vivem dentro de casa, e, num cercado espaçoso em nosso quintal, mais do que o dobro desse número. Aninhado sob árvores, com uma estrutura firme, um gatil de dois andares e outras grutas escondidas que oferecem calor e abrigo, o cercado é um santuário para esses gatos, a maioria dos quais vivia numa colônia feral[4] num barco público

---

[4] Referência a gatos ferais, que crescem nas ruas ou em ambiente selvagem e rejeitam o contato com seres humanos. [N. do T.]

atracado no rio York, não muito longe de nossa casa. Em determinado momento, algumas pessoas, incomodadas com a presença dessa colônia, ameaçaram molestar os gatos. Construir o cercado foi a resposta de meu marido a essa ameaça. Por mais que trabalhemos duro para reduzir a população de gatos ferais a zero, por meio de programas de castração, queremos ajudar os gatos que precisam de nós.

Gostamos da companhia dessas pequenas criaturas, que já não precisam se defender sozinhos da fome, de cachorros, coiotes e humanos indiferentes.

Quando vou lá fora e entro no cercado, gosto de ver o tímido Big Orange dormindo profundamente sob um arbusto; o caolho Scout saltando sobre um inseto; e os amigos Dexter e Daniel relaxando juntos perto da mesa de piquenique. Haley e Kaley – que apelidamos de "as irmãs brancas" – nunca foram ferais; quando um amigo telefonou procurando com urgência alguém que as adotasse juntas, antes que, como indesejadas, fossem submetidas à eutanásia, nós as trouxemos. Essas irmãs são os gatos mais intimamente apegados entre todos que estão sob nossos cuidados. Kaley é um pouco mais pesada do que a irmã, com um olho azul e o outro verde. Haley tem uma mancha mais escura no alto da cabeça e "fala" mais conosco, seres humanos. Elas parecem ser hiperconscientes da localização uma da outra no cercado, e, em geral, preferem comer, descansar ou tomar sol próximas uma da outra. Não sabemos suas idades exatas, mas elas estão juntas desde que nasceram, há pelo menos três ou quatro anos. Haley e Kaley são muito mais próximas uma da outra do que qualquer outra dupla de gatos que tivemos. O que acontecerá quando uma das irmãs brancas morrer? Espero que não saibamos a resposta por muitos anos.

É evidente que sou uma pessoa que se preocupa com gatos. Mas há outro motivo pelo qual optei por abrir este livro com um capítulo sobre o luto dos gatos. Palavras como "indiferente" e "independente" são usadas com frequência para descrever a personalidade felina. Quando o ex-reitor do College of William and Mary brincou ao dizer que tentar chegar a um consenso sobre alguma questão crucial entre membros da faculdade é "como arrebanhar gatos", todo mundo riu. Entendemos imediatamente a analogia "interespécies". É um velho estereótipo contrapor os gatos, independentes e quase ariscos, aos cachorros, ultraleais e de comportamento dócil. E há uma certa verdade nisso: os cães evoluíram a partir de animais de carga e, em geral, são mais sintonizados com os humanos do que os gatos. Mas um gato, individualmente, dependendo de sua personalidade, pode criar vínculos tão profundos com outros gatos e pessoas quanto os cachorros com outros cachorros e pessoas. E quando um gato morre, esse vínculo pode levar ao luto daquele que lhe sobrevive.

Willa é uma sobrevivente. Aparentemente, ela gosta da companhia de Amy. Ainda assim, Amy não é Carson. Willa segue sua vida sem a irmã – mas, num sentido bastante real, Willa continua a ser uma irmã.

2 O MELHOR AMIGO DE UM CÃO

A dor da perda, com muito frequência, nasce do amor. Esta é a coisa mais bonita que passei a apreciar durante uma imersão de mais de um ano lendo e escrevendo sobre o luto.

Nos cães, em geral, é fácil ver o amor, principalmente o amor de corpo inteiro que compartilham conosco. A energia passa por cada músculo para agitar o corpo do cachorro, tanto quanto seu rabo; de seus olhos expressivos transborda a alegria que sente com a nossa companhia. O amor do cachorro se entrelaça com lealdade, uma lendária característica canina.

Visitantes em Tóquio às vezes fazem uma peregrinação à estação de trem de Shibuya para ver a estátua de um cachorro akita chamado Hachiko. Hachiko, ou Hachi, como foi apelidado, nasceu em 1923 e logo foi adotado por Eisaburo Enyo, um professor da Universidade Imperial de Tóquio. Todos os dias, o professor caminhava de sua casa até a estação de Shibuya para embarcar no trem que o levava a seu escritório. E todos os dias Hachi trotava a seu lado. Quando o trem matinal do Sr. Enyo partia, o cão voltava para casa – para voltar mais tarde e esperar a chegada do trem vespertino.

Durante mais de um ano, esse foi o padrão. Até que o Sr. Enyo morreu de repente em seu escritório na universidade. Hachi ficou na estação esperando pelo amigo que nunca mais voltaria para casa.

Por mais de dez anos, ele manteve esse ritual, indo toda manhã à estação de Shibuya e esperando tranquilamente. Mesmo na velhice, quando passou a se mover com dificuldade, continou sua vigília, procurando o único rosto que importava para ele. Em 1935, Hachi morreu. Todo dia 8 de abril, os amantes de cães o homenageiam numa cerimônia em sua memória na estação de trem, realizada diante da estátua de Hachi. Em 1987 foi lançado um filme japonês baseado nessa história; em 2009 uma versão americana, estrelada por Richard Gere.

Meus olhos se enchem de lágrimas quando penso em Hachi: nada dissuadiu esse cachorro de sua espera leal e esperançosa. Ele se lembrava do amigo e agia não como se estivesse sofrendo ou deprimido, mas de modo totalmente intencional, como se esperasse vê-lo a qualquer momento. Acho que a maioria de nós gostaria de ser tão importante para alguém quanto o Sr. Enyo o foi para Hachi. Tão importante quanto isso, também gostaríamos de ser lembrados depois de partirmos, como Hachi lembrava-se do Sr. Enyo. No romance *The Charming Quirks of Others*, de Alexander McCall Smith, a personagem Isabel, uma filósofa, cita para seu parceiro, Jamie, um verso de Horácio: *Non omnis moriar*, não morrerei completamente. Então, ela comenta: "Só se não restasse ninguém para se lembrar, a morte seria completa."

A história de Hachi é sobre amor e lealdade entre espécies. E quanto às interações dos cães entre si? Frequentemente vemos os cachorros com os quais vivemos ou que observamos pela cidade brincando alegremente entre si, ou indo e vindo de uma situação de conflito para uma convivência relaxada. Mas haveria amor e lealdade verdadeiros entre os cães?

A revista *Time* provocou grande celeuma entre os amantes de cachorros com uma capa que ostentava o título "Amizade animal" acima de uma fotografia de um grande sabujo marrom e uma pequena chihuahua branca. A reportagem em si contestava a ideia de que os cães cultivam amizades duradouras. Às interações entre cães faltam "a constância, a reciprocidade e a defesa mútua observada em espécies como os chimpanzés e golfinhos", escreveu o jornalista Carl Zimmer. Isso enfureceu donos e admiradores de cães. Liderados pela estudiosa de comportamento animal e treinadora de cães

Patricia McConnell, eles contra-atacaram, afirmando que os cientistas subestimam os cães.

Atos de lealdade entre cachorros certamente existem. Um vídeo gravado no Chile registrou uma cena em que carros e caminhões passam velozes por uma rodovia de várias pistas. No meio da estrada há um cachorro deitado, totalmente quieto. Aparentemente foi atingido por um veículo e está seriamente ferido, se é que ainda está vivo. Então surge no quadro da câmera um segundo cachorro, ziguezagueando no meio do tráfego. Este cachorro não é muito grande, mas (ele ou ela) transmite um sentido de determinação em seu propósito. Alcança a salvo o cão ferido e começa a arrastá-lo para o canteiro central, mesmo enquanto os carros passam zunindo por eles. Quando um socorrista se aproxima, o vídeo para abruptamente.

O vídeo é narrado em espanhol, mas nenhum de nós consegue deixar de entender o que aconteceu: um cachorro arriscou sua vida por outro. Pelas reportagens de jornais que se seguiram, sabemos que o cão ferido morreu e que o segundo cão fugiu.

Como no caso de Hachi e o Sr. Enyo, não vemos qualquer expressão de sofrimento nos cães. A diferença aqui é que não temos a menor ideia das circunstâncias. Será que os dois cães eram amigos e tinham uma história em comum? Será que eles tinham alguma relação? Ninguém sabe. O cão que resgatou o outro nunca foi encontrado, um desfecho decepcionante para as pessoas que manifestaram desejo de adotá-lo. Entretanto, como explicou um jornal, aquele bravo cachorro suscitou "admiração no mundo inteiro" depois que o vídeo tornou-se viral. Gosto de pensar que esse incidente no Chile instigou milhões de pessoas a refletir sobre a profundidade da emoção canina.

Um desfecho mais feliz para um cão atingido por um carro é relatado por Stanley Coren na revista *Modern Dog* (publicação que ostenta o encantador *slogan* "a revista de estilo de vida para os cães modernos e seus companheiros"). Mickey, um labrador retriever, e Piercy, um chihuahua, eram amigos leais que viviam juntos na casa de uma família. Mickey era o mais velho e, é claro, muito maior do que seu par. Um dia, Piercy correu para o meio do trânsito e foi atingido por um carro. A família, chorando junto ao corpo, pôs o animal de estimação dentro de um saco e o enterrou numa sepultura rasa, no jardim. Até Mickey parecia expressar sua tristeza: o grande labrador ficou sentado diante da sepultura, mesmo depois de todos da família irem dormir.

Algum tempo depois, o pai da família foi despertado por barulhos incomuns vindos de fora. Ele pensou ter ouvido o ganido de um cachorro. Ao sair para investigar, achou a sepultura aberta e o saco vazio – e Mickey cuidando agitadamente do corpo de seu pequeno amigo. Ele viu Mickey lambendo a cara de Piercy e afocinhando o corpo de seu companheiro. Ele realizava fervorosamente essas ações, como se tentasse ressuscitar Piercy. O homem pensou que a tentativa seria inútil. Mas, de repente, sua certeza desapareceu: ele notou um espasmo no corpo de Piercy, e então, pasmado, viu Piercy erguer a cabeça e gemer.

A audição aguçada de Mickey pode ter captado sons vindos da sepultura de Piercy, quando o cãozinho se viu enterrado vivo – indícios que o homem, ou qualquer outro ser humano, não poderia ter ouvido. Ou talvez fosse a lendária habilidade canina de farejar odores que dera a indicação a Mickey. Qualquer que tenha sido a capacidade sensorial envolvida, o amor e a lealdade de Mickey encaixam-se nessa mistura de explicações. Se o grande labrador não tivesse um vínculo tão forte com seu pequeno amigo, não teria ficado vigilante junto à sepultura, nem teria trabalhado duro para retirar dali e fazer reviver o chihuahua. Sem Mickey, Piercy certamente teria morrido sufocado.

Relatos de atos heroicos como os realizados por Mickey e pelo cachorro no Chile são raros. Mas eles apontam para a capacidade de sentir emoção que pode estar por trás do luto dos cachorros. Quando dois cães apreciam a companhia um do outro, e são intensamente sintonizados com o paradeiro, ações e humores um do outro, as condições são propícias para que um sinta-se enlutado quando o outro morre.

Quase nenhuma pesquisa científica foi realizada sobre a dor da perda nos cães. Uma onda recente de estudos sobre aspectos da cognição dos cães sustenta, porém, a noção de que eles são incrivelmente sensíveis àqueles que os cercam. Numa série de experiências, os psicólogos Brian Hare e Michael Tomasello constataram que cães domésticos têm um desempenho superior ao dos chimpanzés na compreensão de gestos humanos. O teste que eles descrevem é bonito em sua simplicidade: uma pessoa esconde um alimento ou objeto desejado em um entre vários recipientes opacos e, em seguida, aponta ou dirige o olhar para o recipiente que contém a isca. A questão é: será que o animal que observa a cena vai seguir a pista e ir diretamente até o recipiente correto apanhar sua recompensa?

Se o animal em questão é humano, e tem mais de quatorze meses de idade, o enigma é prontamente resolvido. O mesmo é válido para cães domésticos, que vão diretamente para o recipiente que contém a isca. Na verdade, os cães são bem-sucedidos mesmo quando o pesquisador complica a tarefa, postando-se a um metro de distância dos recipientes e apontando com a mão que está do outro lado, ou apontando para o recipiente certo enquanto caminha em direção ao recipiente errado.

Os chimpanzés não chegam nem perto desse bom resultado, nesses testes. O segredo do sucesso, pelo menos para alguns animais não humanos, não parece ser apenas a capacidade cerebral, mas, em vez disso, um período longo de mútua sintonia com seres humanos. Graças ao histórico de sua domesticação, os cachorros têm uma ampla "prática" de interpretação dos movimentos de seus companheiros humanos. A ciência do DNA, juntamente com a pesquisa arqueológica, nos diz que cães e humanos uniram-se no processo de domesticação há mais de dez mil anos, talvez até há quinze mil anos. Os primeiros cães domesticados vieram muito provavelmente da China ou do Oriente Médio, mas na pré-história o vínculo entre humanos e cães também era disseminado na Europa e na África. Quando os primeiros colonizadores cruzaram o estreito de Bering e chegaram à América do Norte, estavam acompanhados de cães.

Eis o ponto principal para o luto dos cães: essa relação extremamente sintonizada entre cachorros e humanos, iniciada pelo processo de domesticação, também afeta o que acontece entre os próprios cães. É claro que os cães evoluíram a partir dos lobos, que são animais com forte tendência social a viver em grupo. A combinação entre biologia e socialização tem um efeito poderoso. Neste sentido, Hare e Tomasello relatam um resultado estimulante: nos testes com objetos escondidos, os cães saem-se igualmente bem quer as pistas sejam fornecidas por seres humanos quer por outros cães. Embora eu não saiba ao certo como os cães indicam aos outros o recipiente que tem a isca, a ideia central está clara: os cães são incrivelmente atentos a outros cães. O que às vezes é ignorado em pesquisas experimentais como a de Hare e Tomasello é a emoção que pode estar envolvida nessa atenção tão aguda que um cão presta a outro cão.

Das dezenas de histórias que surgiram em meu caminho sobre cães que sofrem com a morte de outros cães, pode-se extrair um poderoso trio de características: amor, lealdade e inteligência. Muitas vezes, as histórias são contadas por uma pessoa que amava um cachorro que morreu e que agora teme pela saúde emocional do cão sobrevivente. E foi isso que aconteceu com um membro de minha própria família.

Por dezesseis anos, Connie Hoskinson viveu com um pequeno silk terrier chamado Sydney. Todos os dias, Connie e Sydney passeavam durante 45 minutos pelo bairro onde moravam, num subúrbio da Virgínia, cumprimentando amigos e vizinhos enquanto passavam. Quando voltavam para casa, porém, não havia dúvida de que Sydney preferia a companhia do marido de Connie, George.

Quando a saúde de George começou a ficar frágil, a dedicação de Sydney a ele só fez aumentar. Perto do fim de sua vida, George já não conseguia se levantar facilmente do sofá ou da cama, e Sydney alterou suas atividades para ficar com ele. Ele levava seus brinquedos para o colo de George, tirava seus cochilos quando George tirava os dele, para que os dois se aconchegassem um no outro, e acompanhava George até o banheiro, voltando a se deitar somente quando ele o fazia.

Então, George morreu. Essa mudança foi tão difícil para Sydney quanto para Connie. "Durante quase um ano", contou-me Connie,

"Sydney não ligou muito para mim. Depois disso, ele se tornou o meu cão." A personalidade vibrante de Sydney trouxe alegria a Connie. Desde os primeiros tempos com Connie e George, ele gostava de sentar no banco do piano e tocar notas. Quando uma pessoa tocava, ele "cantava" junto. Mais tarde, depois que George se foi, ele ficou mais sintonizado com os humores de Connie. Sempre que chorava, Connie tinha o hábito de pôr as mãos no rosto. Demonstrando sua preocupação, Sydney tentava puxar as mãos dela para baixo.

Quando Sydney estava com treze anos, Connie adotou um segundo cachorro, uma adulta maltesa chamada Angel. A vida de Sydney mudou novamente. Ele apreciava muito a companhia de sua nova amiga – tanto que deixou o lugar onde dormia à noite, na cama de Connie, e se juntou a Angel na cozinha. Durante três anos o par dormiu um ao lado do outro. Sydney, em sua cama de cachorro azul, e Angel, em sua cama cor-de-rosa.

SYDNEY E ANGEL. *FOTO DE CONSTANCE B. HOSKINSON.*

Até que, de repente, Angel morreu de ataque cardíaco. Terrivelmente transtornada, Connie aguardou a chegada de um vizinho que a ajudaria a enterrá-la. Ela pôs o corpo de Angel em sua caminha cor-de-rosa. Sydney subiu na cama rastejando e deitou a cabeça sobre a figura imóvel de Angel.

Angel foi enterrada naquele dia. Durante as três semanas seguintes, Sydney a procurou pela casa. Uma vez, Connie o encontrou na lavanderia, onde a cama de Angel fora deixada para ser lavada. Sydney derrubara a cama, aparentemente à procura de Angel. Logo, ele começou a comer mal, comportamento que só piorou ao longo das três semanas seguintes. Apesar das recomendações de um veterinário, do afeto constante de Connie e de suas tentativas de lhe dar todo tipo de comida, Sydney perdeu peso. Quanto mais ele emagrecia, mais preocupada Connie ficava.

A essa altura, Sydney tornara a dormir na cama de Connie, voltando o comportamento de seus tempos pré-Angel. Certa manhã, Connie acordou e descobriu que ele havia morrido durante a noite. Ela acredita que Sydney não conseguiu sobreviver à perda de Angel.

Connie relembra o que aconteceu quando deu um passeio pelo bairro após a morte de Sydney – sozinha pela primeira vez em dezesseis anos. "Quando meu vizinho saiu à rua para me encontrar", contou-me ela, "veio me estendendo os braços, porque sabia que para eu estar caminhando sozinha só podia ser porque meu fiel companheiro havia partido."

Testemunhar o luto de um animal sobrevivente pode ser um segundo golpe, logo após a morte de um animal de estimação. Uma discussão na internet sobre o luto dos cães provocou um pedido de ajuda nesse sentido. Ginger, a dachshund de dezoito anos de uma mulher, havia sido submetida à eutanásia por recomendação de um veterinário. Depois de quatorze anos de convivência com Ginger, a mulher sentia a perda profundamente.

Sua tristeza aumentou quando sua segunda cadela, de oito anos, que vivera com Ginger desde que tinha seis semanas de vida, começou a decair mais ou menos da mesma maneira que Sydney, o cão de Connie. Chegou um momento em que a cachorra mais jovem, chamada Heidi, simplesmente se recusava a comer. Seu sono também era terrivelmente perturbado. "Ginger e Heidi sempre comiam juntas, inclusive adoravam os mesmos petiscos", relatou a mulher. "Os petiscos são a única coisa pela qual Heidi tem agora pelo menos um leve interesse." A mulher buscava auxílio: como ela poderia ajudar a aliviar o sofrimento de Heidi?

Em resposta a perguntas desse tipo, a revista *Modern Dog* ofereceu dicas a donos de cachorros numa matéria complementar a um artigo que mencionava a história de Mickey e Piercy. Estatísticas do projeto Companion Animal Mourning, da Sociedade Americana para Prevenção de Crueldade contra Animais (ASPCA), indicam que dois terços dos cães apresentam inúmeras mudanças de comportamento depois de perderem outro cão da mesma casa; essas mudanças negativas podem prolongar-se por seis meses.

Perda de apetite, letargia e comportamento ansioso – como andar de um lado para o outro e ficar "grudento" – são as principais mudanças que um cuidador de cachorro deve observar. Oferecer a um cachorro de luto um regime de exercícios regular, incentivos como brinquedos e petiscos, e uma rotina e estrutura extras, por meio de novos esforços de treinamento, podem ajudar. Remédios como Elavil e Prozac, segundo a revista, podem ser necessários em casos graves.

Além de explorar a natureza emocional sensível dos cães, podemos fazer algumas perguntas que divergem da principal linha do meio científico. Será que, além de sentirem a morte de um companheiro querido, os cachorros também intuem, de algum modo, quando isso está prestes a ocorrer? Perguntas como esta são levantadas por pessoas envolvidas com cães – desde aquelas mais céticas, que dizem "mostre-me as provas", até aquelas que prontamente adotam modos de pensar mais dedutivos e "New Age".

Alguns anos atrás, um ouvinte que telefonou para um programa de rádio do qual eu participava contou que, certa noite, sua cadela, uma dachshund, ficou agitada, expressando isso com sons e comportamento estranhos. Na manhã seguinte, a pessoa soube, por telefone, que um dos filhotes de sua cadela – que vivia com outra família – morrera na noite anterior.

Será que o comportamento atípico da dachshund poderia ser explicado por alguma intuição da morte de seu filhote? Como, a não ser por telepatia (uma capacidade em relação à qual sou bastante cética), um cachorro poderia ter esse conhecimento? A mãe estava separada não apenas de seu filhote, mas também de qualquer pessoa que tivesse conhecimento de sua morte. Aqui nos aventuramos a entrar fundo num terreno controverso. Há uma alegação surpreendentemente popular de que alguns cachorros "sabem das coisas" fisicamente, como quando preveem, com grande precisão (por seu comportamento excitado), o retorno de seus donos do trabalho ou de viagem. Essa precisão ocorre, segundo a alegação, mesmo quando a volta é inesperada ou acontece num momento imprevisível do dia.

Eventos gravados em vídeo pelo pesquisador Rupert Sheldrake mostram que cachorros realmente se comportam com excitação antecipada quando seus donos partem de um lugar distante indo para casa. Uma câmera registrou os movimentos de uma britânica chamada Pat Smart, enquanto outra gravou os movimentos de seu cão, Jaytee. Mesmo quando os pesquisadores de Sheldrake fizeram com que Smart variasse os tempos de sua movimentação e verificaram outros fatores que pudessem ter causado a excitação de Jaytee. O cachorro indicou, por meio de seu comportamento, uma consciência de que Smart estava a caminho de casa. Seu nível de alerta mudou rapidamente e ele começou a procurar Smart olhando pela janela. (Para uma análise detalhada, leia o capítulo 9 de meu livro *Being With Animals*).

Mesmo ao ser confrontada por evidências desse tipo, sou cautelosa. Como poderia não ser? Os cientistas não estão habituados a aceitar histórias que se baseiam em conceitos incomodamente próximos ao da percepção extrassensorial animal. Pesquisas rigidamente controladas sobre outros cães são extremamente necessárias. E não apenas sobre cães.

Oscar é um gato do qual se diz que pode prever quando as pessoas idosas de uma casa de repouso em Rhode Island estão prestes a morrer. Quando Oscar enrosca-se em cima da cama de um residente enfermo, os funcionários da casa de repouso telefonam para a família, para dizer que a morte do ente querido parece ser iminente – a tal ponto o gato é confiável. David Dosa, que primeiro registrou o comportamento de Oscar, nas páginas do *New England Journal of Medicine*, escreveu depois um livro sobre esse fenômeno incomum. Às vezes, devido à idade e à frágil saúde da população da casa de repouso, Oscar era obrigado a dividir sua atenção. Se dois residentes estavam próximos da morte ao mesmo tempo, o gato ficava com um deles até o fim e em seguida corria para o seguinte. Ele não tendia a ficar muito tempo junto ao corpo. Embora sua presença confortasse as famílias de pacientes à beira da morte, seu comportamento não estava centrado na expressão do luto, e sim na detecção da proximidade da morte.

Como o caso de Oscar deixa claro, a aguçada sensibilidade de nossos animais de estimação não se limita aos cães. A explicação para as previsões de morte de Oscar está, acredito, no cheiro de moléculas chamadas cetonas quando estas são liberadas pelo moribundo. Essa explicação médica não diminui o fato de Oscar ser um animal notável; talvez o incomum não seja seu faro, mas sua maneira singular de reagir ao que está farejando.

Nosso desvio do luto dos cães enfatiza a ideia de que os animais domésticos prestam muita atenção ao que está acontecendo à sua volta. Mas assim como nem todo gato esperto é Oscar, nem todo cachorro sofre diante da morte. Não devemos cair na armadilha de fazer da universalidade um critério para a existência desse fenômeno – quero dizer, não devemos exigir que todo cão sinta a dor da perda para acreditarmos que alguns cães a sentem.

Um comentário intrigante, feito durante outra discussão na internet sobre o luto dos cachorros, ilustra essa variabilidade no comportamento:

> "Quando eu tive de sacrificar a Cadela Número Um, a Cadela Número Dois também foi ao consultório do veterinário, e teve a oportunidade de ver os restos mortais de sua melhor companheira. Ela definitivamente não se interessou, e sinto-me um pouco tola por antropomorfizá-la. Não tenho a menor

ideia nem mesmo se ela sequer 'entendeu' o que é morte. Na verdade, acho que ela não tinha a menor ideia. O corpo que ela viu no consultório do veterinário não era sua amiga de toda a vida; era uma coisa que ela não conhecia."

Talvez simplesmente falte a alguns cães a capacidade mental para fazer a conexão necessária entre um corpo morto e um amigo vivo e amado. No entanto, tenho minhas dúvidas quanto à interpretação. A Cadela Número Dois pode muito bem ter tido a consciência de que a morte ocorrera, e até reconhecido o corpo, mas assim mesmo ter ficado indiferente à morte do outro cão.

Na verdade, observou a dona, seu o único cão era muito do agrado da cadela Número Dois; seu novo *status* significava que ia receber mais atenção, e assim melhorar de vida, um resultado muito mais importante, para ela, do que a morte do primeiro cão.

Tenha ou não a Cadela Número Dois reconhecido sua companheira falecida, relatos confiáveis de testemunhas oculares indicam fortemente que alguns animais – de elefantes a chimpanzés e bisões – reconhecem que um corpo representa, de forma modificada, um companheiro que uma vez estava bem vivo. Veremos essas histórias mais adiante no livro.

Por fim, uma fotografia forte e uma história que a acompanha, sobre as ações de um labrador retriever, compelem-nos a pensar bastante sobre qual é a conexão mental que os cães são capazes de fazer quando ocorre uma morte. No verão de 2011, trinta soldados americanos que serviam no Afeganistão foram mortos quando o Talibã derrubou um helicóptero Chinook com uma granada impulsionada por foguete. Em meio a essa enorme tragédia, um cachorro chamou a atenção do povo norte-americano.

Hawkeye era o cachorro de Jon Tumilson, um membro da força de elite da marinha americana, de trinta e cinco anos, e um dos soldados mortos no ataque ao helicóptero. Hawkeye era uma presença constante na vida de Tumilson há anos. Quando chegou a hora do funeral do soldado, realizado no ginásio de uma escola em Rockford, Iowa, lotado com mil e quinhentas pessoas, Hawkeye foi incluído. Na verdade, ele guiou a família pelo corredor em direção ao caixão, coberto com a bandeira americana. Quando um amigo próximo de Tumilson levantou-se para um discurso em homenagem ao soldado, Hawkeye fez algo que ninguém esperava. Acompanhou o amigo até a parte frontal do ginásio, deitou-se em frente ao caixão e ficou ali durante a cerimônia. Uma fotografia registrou o caráter solene da situação e a presença permanente do cachorro diante do caixão.

Os céticos podem sugerir alternativas para explicar a posição do cachorro em frente ao caixão: talvez tenha sido apenas uma coincidência, um lugar confortável para descansar, e Hawkeye não compreendesse de forma alguma que seu amigo mais querido ocupava o caixão.

Prefiro tomar outro atalho, um desvio dessas objeções. Estou pensando em Hawkeye no contexto de tudo o que sabemos sobre o amor, a lealdade e a cognição dos cães, voltando oitenta anos no tempo até chegar às ações de um cachorro no Japão. Estou refletindo sobre o amor de Hawkeye por Jon Tumilson. Após seguir por esse caminho, de uma coisa eu sei, e sei com certeza: o fato de Hawkeye ter ou não se apercebido da presença de Tumilson no caixão não é a chave para entender seu luto, ou o luto de qualquer cão.

Quando cães leais sofrem com a morte de uma pessoa ou de outro cão, sofrem porque amaram.

3 LUTO NA FAZENDA

Storm Warning era um belo puro-sangue com uma personalidade difícil. Muitas coisas o assustavam: guarda-chuvas, bicicletas, cachorros pequenos, pôneis e pessoas que tiravam uma peça de roupa quando o estavam montando. Storm, como o chamavam, era um pouco neurótico. Mas numa coisa ele tinha sorte: usufruía há quinze anos de uma relação bem próxima com Mary Stapleton, uma psicóloga. Bem sintonizada com os temores e as ansiedades das pessoas, Mary transferiu para o cavalo seus *insights* e sua habilidade para acalmar. Mesmo quando competiam no círculo de adestramento, Mary e Storm trabalhavam juntos os temores de Storm. Nas palavras de Mary, Storm "aprendeu a saltar e a enfrentar todos os seus temores com grande coragem".

Até que uma noite, quando ele tinha dezoito anos, aconteceu uma tragédia. Storm tinha sido levado para o campo da fazenda onde ele vivia num rebanho, com outros cavalos castrados. Algum tipo de acidente deve ter acontecido, porque, na manhã seguinte, Storm foi encontrado seriamente ferido. Exames revelaram uma fratura complicada numa das patas traseiras, extensa demais para um tratamento bem-sucedido. Bem ali, no campo onde passara seus dias mais felizes, Storm foi sacrificado. E no mesmo lugar foi enterrado.

Pessoas envolvidas com cavalos admitirão, diz Mary, o quanto é incomum que um cavalo seja enterrado no campo onde vivia. Até hoje, Mary é grata ao dono da fazenda por permitir que Storm fosse sepultado lá!

No fim do dia em que Storm morreu, Mary caminhou sozinha pelo campo. Aproximando-se do monte de terra que cobria os restos do cavalo, ela pôs sobre o chão as flores favoritas dele – flores que ele costumava comer. "Ouvi os cavalos pastando à minha volta", diz Mary, "e, como sempre, fui confortada pela presença deles. Aos poucos, pelo menos seis do grupo ficaram em torno do monte, pararam de pastar e olharam para a sepultura. Percebi que nós – os cavalos e eu – havíamos formado um círculo em torno do falecido Storm."

Para Mary, esse acontecimento pareceu estranho e misterioso, ainda mais quando ela percebeu exatamente quais eram os cavalos que formavam o círculo: os companheiros de Storm, os cavalos que faziam parte de seu rebanho. Eles ficaram com as cabeças abaixadas, o que fazia com que seus olhares se fixassem no que estava a sua frente. "Quando os cavalos mantêm suas cabeças aprumadas", Mary explicou, "eles estão olhando para longe. Mas o grupo de Storm mantinha claramente um ângulo visual para olhar diretamente para o lugar do sepultamento." Os outros cavalos que estavam por perto no campo, mas que eram novos na fazenda e não faziam parte do grupo de Storm, não se juntaram ao círculo. Nenhum dos cavalos do círculo comeu as flores deixadas ali, que Mary pusera na sepultura, e ela não tinha levado qualquer outra comida para eles. O que quer que tenha atraído os companheiros de Storm ao lugar onde ele estava enterrado, não foi a esperança de alimento. Ao formarem espontaneamente um círculo diante da sepultura, os companheiros de Storm iniciaram uma espécie de vigília; Mary ainda os encontrou ali na manhã seguinte. Cautelosa, ela sabe que muitas interpretações desse comportamento são possíveis. "Eu optei por pensar", diz ela, "que me foi permitido compartilhar um círculo de luto por nosso companheiro mútuo e amado."

Para mim, a história de Mary sobre Storm tornou-se um catalisador, já que não sou familiarizada com cavalos nem pessoalmente nem em meu trabalho sobre a emoção animal. Logo descobri que, para pessoas envolvidas com cavalos, a ideia daquele círculo, ou mesmo do luto equino, não era nada nova.

Durante algum tempo, Janelle Helling administrou um rancho nas montanhas do Colorado onde viviam vinte ou trinta cavalos. Certa manhã, o rebanho deixou de ir para a área do curral e do celeiro a fim de se alimentar, como costumava fazer. Uma égua havia parido durante a noite, e o recém-nascido estava fraco demais para se levantar. "Os outros cavalos fizeram um círculo em torno da égua e do potro", recorda Janelle, "e não nos deixavam chegar perto deles. Os cavalos recusaram-se a ser arrebanhados, agindo como uma barreira entre nós e a égua e o potro."

Era uma barreira de proteção. Naquela área do Colorado, o leão da montanha, o urso e o coiote são nativos; portanto, talvez os cavalos estivessem hipervigilantes por causa dos predadores. Mas eles também estavam, claramente, considerando as pessoas. Só quando Janelle conseguiu um *trailer* para recolher a égua e o filhote a barreira se abriu e o potro pôde receber assistência médica. Quando o *trailer* que levava a mãe e o filhote voltou para o celeiro, os outros cavalos o seguiram de perto.

O potro sobreviveu, e felizmente essa história não se classifica como uma história de luto. Mas esse círculo de cavalos tinha um caráter diferente daquele círculo tranquilo, imóvel, que se formara em torno da sepultura de Storm Warning. Aqui, os cavalos movimentam-se confusamente, alguns no sentido horário, outros no sentido contrário. "Trotando, girando, escoiceando, galopando num caos de cascos", relembra Helling. Ela está certa de que nenhum predador, ou pessoa, conseguiria romper esse círculo em movimento. Poderia a intenção protetora desse círculo sugerir uma nova possibilidade em relação aos cavalos que cercavam Storm Warning? Talvez tivessem intuído que Storm estava, de algum modo, ligado ao monte de terra que tinha aparecido em seu campo e, ao circundá-lo, isso significaria proteger aquele lugar e, portanto, o próprio Storm. Será que os cavalos teriam pensado que Storm poderia, de algum modo, reaparecer? Ou eles estavam expressando seu luto?

Por si só, o círculo de cavalos não pode responder à pergunta sobre o que passou pela mente dos companheiros de Storm. Mas essa é uma história que ajuda a refutar o que alguns contestadores insistem em dizer: o que interpretamos como sentimento de perda em um cavalo é, em vez disso, um cavalo expressando um sentimento de vulnerabilidade causado pela separação do rebanho. De acordo com essa visão cética, o "luto" é uma alegação exagerada, porque os cavalos só estão demonstrando a ansiedade que atinge um sobrevivente numa espécie que costuma viver em rebanhos. Mas essa explicação baseada na "mentalidade de rebanho" não corresponde ao que aconteceu quando Storm morreu. Os cavalos sobreviventes posicionaram-se numa configuração específica, e não demonstraram qualquer agitação por meio de linguagem corporal. Afinal de contas, o grupo deles estava intacto, exceto por um; não havia motivo para se sentirem vulneráveis. Embora não possamos intuir precisamente o que eles poderiam estar sentindo, é evidente que algo incomum estava acontecendo, algo além de uma preocupação consigo mesmo.

Respondendo a um artigo de Kenneth Marcella no *Thoroughbred Times* sobre o luto dos cavalos, um leitor descreveu eventos ocorridos depois que sua potra puro-sangue perdeu o companheiro. Silver morrera de repente, e a potra tinha visto seu corpo. Depois, enquanto Silver estava sendo enterrado, ela foi para outro campo. Quando voltou, mais tarde, ao campo em que se reuniam, ela ficou sobre a sepultura, batendo as patas no chão. Indiferente a ofertas de comida e companhia – afastando-se à noite apenas quando era obrigada a isso – ela se comportou dessa maneira durante quase duas semanas.

Será que a ciência do comportamento dos cavalos pode nos ajudar a entender essa reação? Em seu artigo, Marcella observa que o aumento da longevidade dos cavalos nos últimos quinze anos indica que os "companheiros equinos" passam um tempo significativamente maior juntos. Alguns cavalos que perdem um amigo de muito tempo podem mergulhar em absoluta depressão. Foi isso o que aconteceu com Tony e Pops, dois cavalos que se haviam conhecido trabalhando no campo anos antes de se encontrarem de novo quando estavam aposentados. Depois de se reencontrarem, eles raramente se separavam. Após a morte de Pops, Tony perdeu peso, parou de interagir com outros cavalos e ficou letárgico o suficiente para perder músculos. Sua artrite piorou muito.

No mundo dos cavalos, tal situação costuma ser diagnosticada como depressão e tratada de acordo, com meios que vão desde uma atenção extra de companheiros humanos até doses de Valium. Nos cavalos, a depressão pode exacerbar males físicos, como cólicas, por isso é potencialmente urgente romper o ciclo de luto, doença e mais depressão. Um novo companheiro também pode ajudar, como vimos acontecer com outros animais. Uma leitora do *Thoroughbred Times* contou sobre seu cavalo, que sofreu com a morte de seu companheiro de pasto de vinte e três anos. Durante duas semanas, ele permaneceu embaixo de sua árvore favorita, um lugar que costumava compartilhar com o amigo. Ele não comia. Seu comportamento só melhorou quando começou a cuidar de um potro órfão, cuja mãe morrera durante o parto.

Não tenho praticamente nenhuma experiência pessoal com cavalos, além de admirar sua graça e inteligência – embora, durante um passeio da 4ª série, eu tenha caído de um cavalo e ainda me lembre do longo percurso até o chão. Continuo impressionada com o tamanho e a força de um cavalo, mas passei a admirar o modo como muitas pessoas se envolvem com o luto de um cavalo e se esforçam para aliviá-lo. Marcella chega a destacar variações individuais no comportamento de luto condizentes com a mais nova ciência do comportamento animal. Assim como acontece com gatos, cães e outros animais, nem todos os cavalos sofrem quando um companheiro morre; as reações vão desde uma depressão extrema, como acabei de descrever, até uma aparente indiferença.

Quando um potro morre, algumas éguas vocalizam e agem de maneira ansiosa. Outras mostram pouca reação. Considerando a força do vínculo entre mãe e filhote, de início fiquei surpresa ao saber que algumas éguas não sofrem por seus potros. Mas, repensando, isso está de acordo com meu conhecimento sobre outros animais. Com seu estudo sobre chimpanzés, Jane Goodall tem ampliado o pensamento de cientistas sobre a qualidade variável do comportamento materno. Mães dedicadas e competentes convivem lado a lado com mães indiferentes e negligentes em meio aos nossos parentes vivos mais próximos – na verdade, dentro de nossa própria espécie – então, por que não entre outros animais também? É possível, da mesma forma, que a mãe aparentemente indiferente na presença de seu filhote morto possa ter cuidado de seu bebê quando este estava vivo, demonstrando ativamente seu afeto.

De acordo com especialistas em comportamento equino, parece existir um padrão entre cavalos. Segundo Marcella, "os cavalos que têm a oportunidade de interagir com um companheiro de pasto morto geralmente mostram menos vocalização e ansiedade e retornam ao comportamento normal mais rapidamente". Tornou-se uma prática popular assegurar que o cavalo sobrevivente veja o corpo do companheiro morto, na crença de que isso pode ajudá-lo a lidar com a situação. O que é necessário para a investigação científica sobre o luto dos cavalos e sua superação é um banco de dados, compilados de maneira coerente e rigorosa, com relatos que demonstrem uma grande variação de resultados, desde cavalos para os quais ver o corpo do companheiro morto é uma ajuda até aqueles para os quais não é – como a potra que batia as patas repetidamente na sepultura de seu amigo Silver, mesmo depois de ter visto o corpo dele.

A prática de expor um corpo morto à observação de animais que estão sob o risco de luto está se tornando popular em outros contextos também. Em zoológicos, casas particulares e fazendas, ela é adotada por pessoas conscientes de que os animais sentem o luto, e que desejam amenizar esse luto. Trata-se de uma estratégia que parece ter funcionado com uma cabra chamada Myrtle.

Myrtle sabia o que queria. Adotada em uma casa no Colorado, ela escapava repetidamente para o quintal da vizinha, onde podia ficar com os únicos animais remotamente semelhantes a cabras que havia por perto: cavalos. Seguidamente levada de volta para casa, ela sempre escapava de novo. Por fim, a voluntariosa cabra teve permissão para ficar onde claramente queria estar: na casa da vizinha.

Janelle Helling – a mesma Janelle que descreveu o círculo de cavalos para proteger o potro recém-nascido – era a dona dos cavalos em questão. Ela decidiu que Myrtle merecia ter a oportunidade de gozar da companhia não apenas dos cavalos, mas também de outras cabras. Ela confessa que essa não foi uma decisão tomada unicamente por compaixão pela cabra solitária; havia também a pequena questão da paixão de Myrtle pelos passeios. Sempre que Janelle saía a cavalo de sua propriedade, Myrtle seguia atrás trotando. Isso não era seguro, considerando o trânsito local. Janelle, assim, adotou uma cabra chamada Blondie, na esperança de que Myrtle se afeiçoasse a ela e que as duas se tornassem criaturas caseiras.

O plano deu certo. Quatro ou cinco anos mais velha do que Myrtle, Blondie não era uma andarilha inquieta. Ficava sossegada na casa de Janelle. As duas cabras se deram bem imediatamente, e logo Myrtle começou a ficar em casa também. Janelle estima que Myrtle e Blondie estavam quase sempre a seis metros de distância uma da outra e, frequentemente, muito mais perto. "Se uma delas aparecia sem a outra", recorda ela, "você sabia que havia algo errado." De vez em quando, uma ou outra conseguia prender a cabeça e os chifres numa cerca, exigindo que um ser humano a resgatasse com um alicate para cortar o arame. Na maioria das vezes, porém, Myrtle e Blondie passavam o dia confortavelmente pastando, ruminando, brincando e cochilando.

Vários anos se passaram assim, até que, num outono, Blondie ficou doente e seu estado piorou rapidamente. Apesar das injeções de penicilina para combater uma infecção respiratória, Blondie morreu. Isso aconteceu num sábado de manhã cedo, e Janelle não enterrou o corpo da cabra no fim de semana, porque queria pedir uma autópsia ao veterinário. Myrtle ficou aflita com o desaparecimento repentino da amiga. "Myrtle corria pelo pasto vocalizando o dia inteiro, no sábado", diz Janelle. "Eram gritos de pânico, que faziam você ficar com os cabelos arrepiados. Ela dava voltas no pasto, procurando Blondie em todos os lugares onde ela costumava ficar."

Janelle decidiu dispor o corpo de Blondie numa posição natural, como se ela estivesse dormindo, e fazer com que Myrtle a visse. Com isso Myrtle não ficaria sem saber o que havia acontecido, como se sua companheira tivesse simplesmente desaparecido. E, pelo menos num certo sentido, essa decisão surtiu efeito. Quando Myrtle se deparou com Blondie inerte no chão, seus gritos e seu comportamento agitado cessaram. Ela fixou os olhos no corpo e o farejou, ficando com Blondie por pelo menos vinte minutos. Então, afastou-se e bebeu um pouco de água, mas voltou imediatamente para sua velha amiga. Durante horas, repetidamente, Myrtle deixava Blondie e voltava em seguida. Janelle interpretou esse comportamento como fruto de uma confusão, uma tentativa de descobrir por que sua amiga, normalmente ativa, estaria deitada e quieta. Aos poucos, Myrtle começou a passar períodos mais curtos com Blondie, com intervalos mais longos entre as visitas.

Em determinado momento, Myrtle saiu para o pasto dos cavalos. Mesmo de lá, de vez em quando ela caminhava de volta até Blondie. Na manhã de segunda-feira o corpo de Blondie foi levado, e Myrtle não mostrou interesse algum por ele. Antes, quando não conseguira encontrar sua amiga, Myrtle entrara em um frenesi. Quando Janelle a encaminhou ao corpo de Blondie, Myrtle demonstrou forte interesse, o corpo a atraía de volta como um ímã. Aos poucos, seu interesse foi diminuindo. Myrtle seguiu, literalmente, em frente, afastando-se do corpo; talvez tenha seguido em frente mentalmente também.

Outros animais podem mostrar sintomas de luto por mais tempo do que Myrtle, a ponto de sentir um sofrimento prolongado. Talvez a capacidade mental de uma cabra não seja comparável à de alguns outros mamíferos, mas acho que a explicação mais provável é que essa expressão de luto era o estilo de Myrtle somente. Outras cabras podem sentir o luto de maneira diferente. Myrtle nos faz lembrar novamente que o luto não tem uma única face.

Até hoje, Janelle se pergunta se a experiência da perda de Blondie foi tão intensa para Myrtle devido, em parte, à sua história social. Quando jovem, antes de ser adotada pela família da casa ao lado, Myrtle vivera isolada e sozinha (quer dizer, sem animais não humanos por perto) durante mais ou menos um ano. "Como as cabras são muito sociais", observa Janelle, "isso teria sido extremamente traumático." Os primeiros vínculos reais de Myrtle foram com cavalos. E quando Blondie morreu, a partir do período em que se afastou do corpo, foi junto aos cavalos que Myrtle procurou companhia. O conforto não conhece restrição de espécie.

A personalidade, as emoções e a vida interior de animais de fazenda como cabras, porcos, vacas e aves domésticas, entre outros, têm sido muito pouco exploradas. Essa situação está mudando, como é lindamente demonstrado pelas histórias reunidas no livro de Amy Hatkoff *The Inner World of Farm Animals*. Quando uma vaca chamada Debbie desmaiou no Woodstock Animal Sanctuary, outras vacas a circundaram e berraram com tanta força que os funcionários notaram. Um veterinário determinou que a artrite de Debbie estava lhe causando um enorme sofrimento, e a vaca foi submetida à eutanásia. Quando Debbie foi enterrada, as outras vacas reuniram-se em volta e mugiram melancolicamente. Jenny Brown, um dos fundadores do santuário, notou o luto dos animais. Segundo Brown, as vacas não só deitaram sobre a sepultura, como "todo o grupo afastou-se junto para algum lugar em nossos quatrocentos acres e só voltou para o pasto dois dias depois. Eu nunca esperaria uma reação dessas, não tinha a menor ideia de que elas possuíam tanta consciência uma da outra e eram tão ligadas."

Hatkoff conta também sobre os porcos Winnie e Buster, amigos leais desde que eram leitõezinhos no Farm Sanctuary, em Watkins Glen, Nova York. Cinco anos depois, Buster morreu. Winnie ficou sozinha, rejeitava qualquer oportunidade de interagir com outros porcos e perdeu peso. Embora bastante saudável fisicamente, ela claramente não estava indo bem emocionalmente. O humor de Winnie só melhorou quando um novo grupo de leitõezinhos chegou ao santuário. Ela começou a correr, girar e brincar com os leitões, e a dormir com eles à noite – comportamentos que lembravam a maneira como se comportava com Buster, que a essa altura já se fora há dois anos.

No ano passado, adotei uma galinha do Farm Sanctuary. Fiesta é uma notável galinha preta, e foi encontrada vagando num parque no Bronx. Aqueles que a resgataram acham que ela pode ter escapado de um ritual de santeria envolvendo sacrifício de animais vivos, supostamente a explicação para as galinhas mortas que já haviam sido encontradas na vizinhança. Quer essa suposição esteja correta quer não, a galinha sem-teto foi posta em segurança. Minha adoção não significa que Fiesta agora passeia por meu quintal, esquivando-se dos gatos, mas sim que ajudo a pagar pelos cuidados que ela recebe no santuário de Watkins Glen.

Com mais duas instalações na Califórnia e uma presença nacional significativa, o Farm Sanctuary protege animais de fazenda e exorta as pessoas a pensar neles de forma inovadora. Os animais de fazenda são "alguém, não algo", como explicou uma campanha do santuário. "Sabemos por experiência pessoal", escrevem os membros da equipe no *site* do santuário na internet, "que os animais de fazenda têm a mesma gama de personalidades e interesses que gatos e cachorros."

Conforme já vimos, um animal que é *alguém* pode amar e sentir o luto. Em 2006, três patos mulard foram resgatados de uma fazenda de *foie gras* e levados para o Farm Sanctuary. Traduzido do francês como "fígado gordo", o *foie gras* é um produto alimentício obtido de uma alimentação forçada de patos e gansos, uma prática que causa sofrimento aos animais. Os três mulard mostravam sinais de uma doença do fígado, a lipidose hepática. Os dois que estavam em pior estado eram machos chamados Harper e Kohl. Devido a fraturas não tratadas na fazenda de *foie gras*, as pernas de Kohl estavam deformadas. Harper estava cego de um olho. Ambos ficavam bastante assustados com pessoas. A única coisa boa de toda essa situação era que eles haviam se tornado amigos próximos e optavam por passar quase o tempo todo juntos.

Considerando as histórias traumáticas de seu passado, o fato de Kohl e Harper terem vivido quatro anos no santuário foi um desfecho feliz e inesperado. Quando Kohl já não podia caminhar, e sua dor já não podia ser tratada com eficiência, ele foi submetido à eutanásia. Harper assistiu do lado de fora do celeiro onde o procedimento ocorreu, e, assim que tudo terminou, ele pôde ver o corpo do amigo deitado sobre palhas no chão do celeiro.

De início, Harper tentou comunicar-se com Kohl da maneira habitual. Ao não obter resposta, inclinou-se e tentou empurrá-lo com a cabeça. Depois de examinar e cutucar mais, Harper deitou-se ao lado de Kohl e pôs a cabeça e o pescoço sobre o pescoço dele. Ficou nessa posição algumas horas.

Por fim, Harper levantou-se e os funcionários do santuário removeram o corpo de Kohl. Durante algum tempo, depois disso, Harper ia todos os dias ao seu lugar favorito, antes compartilhado com Kohl, ao lado de um laguinho. E ali ele ficava. Esforços para apresentá-lo a outro potencial amigo pato não funcionaram, o que foi especialmente triste porque, sem Kohl, Harper ficava mais nervoso perto de pessoas. Todos no santuário reconheceram a depressão de Harper. Dois meses depois, ele também morreu.

Harper e Kohl poderiam figurar no cartaz com patos sobre o tema do livro: onde há luto, houve amor.

4 POR QUE COELHOS FICAM DEPRIMIDOS

Durante anos, minha família cuidou de dois coelhos resgatados: um macho angorá de pelo longo, grande, cor de caramelo; e uma fêmea de pelo curto, pequena, cor de Oreo[5]. Num surto de criatividade, nós os batizamos de Caramel e Oreo.

Caramel tinha sido um coelho de sala de aula da escola montessoriana em que minha filha estudava. Na escola, as crianças gozavam da liberdade de transitar e explorar a sala de aula enquanto aprendiam, mas o coelho vivia confinado. Como apenas de vez em quando tinha permissão para sair da gaiola e saltitar solto, ele precisava urgentemente de mais espaço. Com aprovação da escola, adotamos Caramel e lhe demos esse espaço. Em nossa casa, ele viveu até os oito anos, evidentemente desfrutando de nossa companhia, ainda que apenas tolerasse a de nossos gatos (que o toleravam de volta). Quando Caramel morreu, adotamos Oreo do abrigo de animais, e ela também teve uma trajetória feliz até morrer, também de causas naturais.

Como esses dois coelhos nunca se encontraram, não tive a oportunidade de testemunhar amizades entre coelhos, ou qualquer tipo de interação entre eles. Mas, certamente, notei como Caramel e Oreo podiam ser afetuosos conosco, quando queriam: eles nos procuravam e pressionavam o focinho contra nós ou relaxavam o corpo quando os

---

[5] Marca de biscoito de chocolate recheado [N. do T.]

acariciávamos. Caramel juntava-se à família quando assistíamos TV, saltitando de seu território – os fundos da casa – para a sala e repousando sobre um tapetinho que púnhamos ali com esse propósito. Oreo preferia pular para o sofá e sentar ao meu lado.

De vez em quando dou uma espiada em Jeremy e Jilly, dois coelhos que vivem em minhas redondezas. Jeremy, um tennessee red, foi adotado por meus amigos Nuala Galbari e David Justis, que também resgatam gatos. Depois se ter sido salvo de uma pequena gaiola numa loja de animais e acomodado numa casa repleta de amoroso carinho por animais, incluindo gatos e pássaros, Jeremy vicejou. Porém, assim como Janelle com a cabra Myrtle, Nuala e David acharam que seria bom que ele tivesse uma companhia da mesma espécie. Então, entra em cena Jilly, uma fêmea rex mais velha. Apesar da enorme (para coelhos) diferença de idade de seis anos, Jeremy e Jilly rapidamente criaram um vínculo. Eles ficam correndo em volta do tapete do quarto, brincando de dar saltos e giros no ar. Em momentos mais tranquilos, oferecem um ao outro o corpo para ser limpo. Quando são mantidos em seu cercado, à noite e em certos períodos do dia, eles têm bastante espaço para se espalhar, mas com frequência pressionam firmemente seus corpos um no outro.

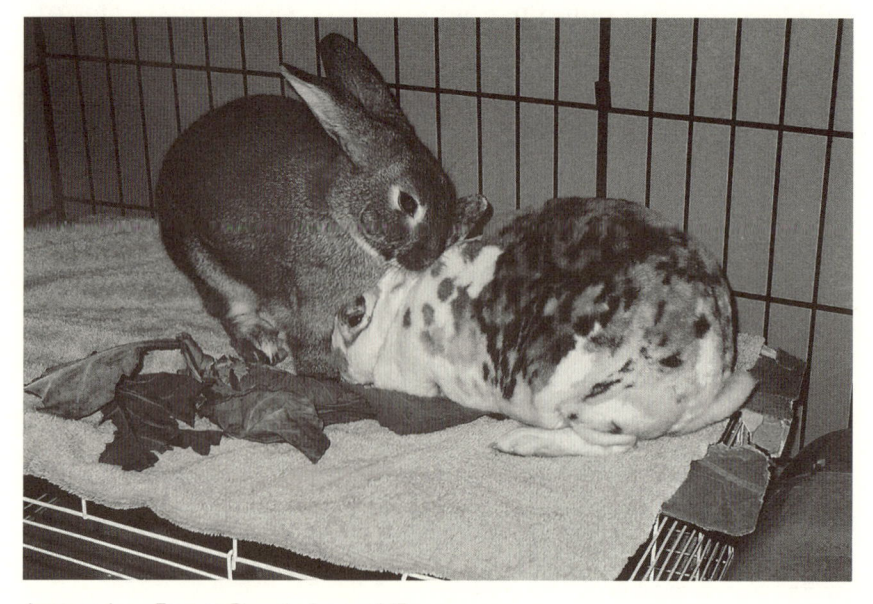

JEREMY E JILLY. *FOTO DE DAVID L. JUSTICE, MD.*

A agilidade e a vivacidade de Jilly mascaram sua idade, mas ela agora tem nove anos. Ao ver o prazer de Jeremy com sua companhia, é natural perguntar-se qual será a reação dele se Jilly morrer antes, como parece provável. Michelle Neely conta a história dos coelhos companheiros Lucy e Vincent. Michelle e seu marido adotaram Vincent num abrigo de animais. Ele não estava nada bem; abandonado por seus donos anteriores, estava subnutrido, com ácaros e sarna no corpo. Durante seis meses, foi o único coelho de Michelle e, diante disso, buscava impetuosamente seu afeto. Vincent adorava ser embalado como um bebê nos braços ou no colo de Michelle ou de seu marido. Contente a ponto de ficar quieto por períodos de trinta minutos a uma hora, ele recebia massagens de seus amigos humanos.

Logo depois, o casal adotou Lucy. Assim como seus dois irmãos, Lucy tinha nascido sem orelhas. No lugar onde costumam ficar as icônicas orelhas macias dos coelhos, Lucy exibia apenas pequenas protuberâncias de cartilagem. Era totalmente surda, mas convivera com outros coelhos por muito tempo e sabia como agir socialmente. Vincent nem tanto. Depois de os dois serem apresentados um ao outro, Michelle trabalhou com eles todos os dias durante três meses, persuadindo-os a criar um vínculo. Foi um processo lento, porque Vincent não sabia como sinalizar para Lucy que queria limpá-la ou ser amistoso de outra forma. O que começava como uma interação divertida e promissora desviava-se, com muita frequência, para uma agressão moderada entre os dois coelhos. Se a falta de orelhas em Lucy contribuiu para essa situação não está claro. Talvez parte da comunicação entre os dois estivesse comprometida pela anatomia incomum de Lucy. É possível que sua aparência diferente tenha afetado, de algum modo, as respostas de Vincent. Quaisquer que tenham sido os fatores em jogo, não houve um cenário de amor à primeira vista.

Até que, sem mais nem menos, Lucy saltou para o cercado de Vincent e passou a noite ali. Quando Michelle os viu juntos na manhã seguinte, notou que uma mudança drástica acontecera: Vincent e Lucy tinham um vínculo. Um vínculo mesmo, a ponto de Vincent parecer quase apaixonado por Lucy. Assim como faziam

Jeremy e Jilly, os dois corriam de manhã, brincando e se cansando, para mais tarde dormir juntos. "Lucy sempre era a líder de suas pequenas expedições ao andar de cima, ou pela sala, ou na varanda", Michelle explica. "Vincent a seguia por toda parte, porque queria estar sempre perto dela. Vendo-o com Lucy, você quase pensava que antes ele não sabia da existência de outros coelhos no mundo, e, agora que descobrira isso, ele se perdia na maravilha e na pura delícia desse fato."

Lamentavelmente, Vincent e Lucy passaram apenas oito ou nove meses juntos. Lucy ficou doente, com infecções incuráveis nos dois ouvidos que, provavelmente, tinham origem em seu problema congênito. Apesar de operada por uma equipe de veterinários experientes, ela morreu.

Segundo Michelle, Vicent "passou mais ou menos uma semana vasculhando tragicamente a casa, à procura dela". Depois de uma semana, ele parecia ter entendido que Lucy não voltaria. Caiu num estado de depressão que agora soa como familiar: deixou de comer muito e se recusava a sair de seu "condomínio de coelho". Lá dentro, ele sentava-se no lugar preferido de Lucy e fazia pouca coisa além disso. O vigor que mostrava quando brincava com a antiga companheira estava completamente ausente.

Michelle começou a temer que Vincent morresse também. Ela adotou uma nova coelha, Annabel, na esperança de que Vincent se animasse. Foi isso que ele fez: imediatamente depois de conhecer Annabel, seu interesse pelas atividades do dia a dia voltou, bem como seu apetite.

Esses vínculos em série – primeiro com Lucy, depois com Annabel – poderiam levantar algumas questões. Será que Vincent queria apenas outro coelho por perto por não gostar de ficar sozinho? Será que ele se importava, de um jeito ou de outro, se esse outro corpo caloroso de coelho era o de Lucy, de Annabel ou de alguma outra? Será que na verdade ele esquecera tudo sobre Lucy?

Como não podemos saber quais foram os pensamentos de Vincent, só podemos tentar responder a essas perguntas olhando de perto os acontecimentos nos meses que se seguiram após Vincent conhecer Annabel. Ele agiu de um modo como nunca agira antes. Mesmo na mais breve ausência de Annabel – digamos, quando Annabel se enfiava em algum canto do apartamento para cochilar – Vincent ficava ansioso. Ele a procurava por toda parte, com uma aflição cada vez maior quando a busca era malsucedida. "Por fim", diz Michelle, "nós o apanhávamos e o levávamos para onde quer que Annabel estivesse, e então ele relaxava imediatamente." Para ela, parecia que Vincent temia perder Annabel como perdera Lucy.

Sete meses depois de iniciada sua nova amizade com Lucy, o comportamento ansioso de Vincent cessou. Se Vincent passou a confiar em que ela não desapareceria, se ele esqueceu Lucy ou se seu comportamento mudou devido a algum outro fator, ninguém sabe. Ao lidar com coelhos, não devemos supor que a rápida criação de vínculo com um novo parceiro indica a falta de um luto genuíno pelo parceiro perdido, mais do que supomos em relação a mamíferos de cérebro maior, incluindo nós mesmos. Na verdade, por que não dar um giro de 180 graus em nossa maneira de ver? Será que foi a profunda satisfação experimentada por Vincent com relação a Lucy que o levou a se recuperar tão rapidamente quando Annabel entrou em cena?

Talvez a visão e o cheiro de Annabel tenham dado a Vincent o equivalente, para os coelhos, à esperança de uma nova companhia. Por outro lado, Michelle observa que Vincent e Annabel desenvolveram uma amizade rápida e facilmente, porém menos intensa do que a de Vincent e Lucy, apesar da busca ansiosa de Vincent antes disso.

Depois do primeiro contato de Michelle comigo, começamos a trocar *e-mails* sobre coelhos. Várias semanas depois, Vincent morreu. Desta vez, Michelle agiu de maneira diferente. Ela mostrou o corpo de Vincent a Annabel. A coelha farejou e lambeu a figura inerte de seu amigo. Em seguida, se afastava do corpo e voltava para ele, assim como fez a cabra Myrtle quando Blondie morreu. Quando Annabel tentou tirar o corpo de Vincent do condomínio antes compartilhado pelos dois, Michelle o levou para ser cremado.

Durante semanas, Annabel não pareceu sentir a morte de Vincent como este sentira a de Lucy. Aqui vemos a evidência de dois relacionamentos diferentes, e de dois sobreviventes com curvas de resposta à perda diferentes também.

A House Rabbit Society (HRS) é uma organização norte-americana de resgate de animais com sede na Califórnia, mas de abrangência internacional. A missão da HRS é resgatar coelhos abandonados e educar as pessoas sobre a maneira apropriada de cuidar de coelhos. Seu *site* na internet é cheio de *links*, incluindo "Just for Fun: Rabbits and their Sense of Humor" [Para se divertir: coelhos e seu senso de humor], "Living with an Aloof Rabbit" [Vivendo com um coelho indiferente] e "Understanding the Emotional Messages of your Rabbit" [Entendendo as mensagens emocionais de seu coelho]. Esses especialistas adotam o conceito de que os coelhos sentem a dor da perda. Eles não hesitariam em concluir que Vincent ficou de luto por Lucy.

A HRS oferece suas próprias histórias sobre luto, e estas salientam o fato de que a reação dos coelhos à morte varia muito. Aprendi que alguns coelhos exibem um comportamento incomum: se estão presentes quando um companheiro de gaiola ou amigo próximo morre, eles saltam no ar, numa espécie de dança. Não encontrei qualquer explicação para isso, embora essa atitude seja descrita como uma liberação repentina de energia.

Outros coelhos podem "fazer cena" e se comportar mal. Ao perder sua companheira Dinah, um coelho de quatro anos chamado Lefty continuou a agir de acordo com sua habitual vivacidade. Nenhum indício do luto de Vincent aqui. Mas Lefty pulou para a cama onde sua "gente" dormia e abriu com os dentes buracos nas fronhas. A HRS adverte que, nesse contexto, um coelho abusado pode precisar de carinho extra e talvez de um novo amigo da mesma espécie, porque a tristeza pode se manifestar na forma de um mau comportamento.

Por meio da HRS, Joy Gioia conta sobre o luto de um trio de coelhos. A coelha Trixie comportou-se com dois companheiros sucessivos, Joey e Majic, da mesma forma que Vincent, Lucy e Annabel quando formaram uma espécie de triângulo emocional – em que Vincent estava no centro, reagindo primeiramente a Lucy e, depois, a Annabel. Neste caso, dois dos três coelhos haviam se adaptado mal como animais de estimação de pessoas. Os três haviam sido resgatados por Joy, uma adotante de coelhos voluntária associada à HRS.

A história começa com Joey. Como seus primeiros cuidadores tinham sido negligentes, ele tivera infecções graves que o deixaram totalmente cego de um olho e parcialmente cego do outro, do qual vazava um líquido constantemente. Ele era surdo e também sofria de problemas respiratórios. Emocionalmente, era mais ou menos fechado; odiava especialmente a limpeza que seu olho ruim exigia, de modo que não era um adepto da interação com Joy ou com qualquer outro ser humano. Submetê-lo à eutanásia seria uma opção fácil de adotar, mas esta não é a conduta da HRS.

Trixie não havia sido tão maltratada, mas precisou de uma cirurgia para retirada dos dentes incisivos, por causa de uma séria oclusão defeituosa. Assim como Joey, ela não gostava de interagir com seres humanos. Por acaso, foi parar sob a adoção de Joy, abrigada ao lado de Joey. Os dois coelhos demonstraram momentos de interesse um pelo outro; para incentivar isso, ambos foram transferidos para um cercado maior, que passaram a compartilhar.

O plano de juntá-los funcionou espetacularmente bem. Trixie cuidou de Joey com devoção, inclusive limpando seu olho ruim. Ela o lambia com delicadeza, o que Joey, sem dúvida, preferia a ser limpo por humanos. Uma grande afeição era evidente entre os dois.

Um terceiro coelho foi abrigado também, mas este preferia as pessoas e não queria nada com os outros coelhos. Majic havia sido um coelho de sala de aula durante cinco anos. Isso pode parecer uma vida boa para um coelho, mas, conforme descobrimos quando adotamos Caramel na escola montessoriana, mesmo escolas bem-intencionadas podem oferecer recursos inadequados. A gaiola de Majic era pequena – pequena demais até para ele limpar suas orelhas de maneira apropriada. Tinha um chão de arame, o que é muito ruim para as patas dos coelhos, que não têm um hipotênar espesso com o dos gatos e cachorros. E ter crianças empolgadas em torno da gaiola também pode não ser uma experiência muito tranquila para um animal. Por fim, Majic começou a atacar as crianças que punham seus dedos dentro da gaiola.

Quando chegou ao orfanato, Majic sofria de uma grave infecção no ouvido, seus molares estavam em condições tão ruins que ele não conseguia comer direito, e os nervos de suas patas haviam sido afetados por um procedimento de remoção de garras. Curar os problemas de ouvido e dentes de Majic não foi tão difícil. Já os nervos afetados faziam com que ele não conseguisse saltar bem. O coelho começou a relaxar com as pessoas e até a gostar de afagos, mas agia de maneira defensiva quando posto com outros coelhos. Ele foi mantido isolado, numa casa com material confortável para dormir, no mesmo cômodo de Trixie e Joey. Um perímetro foi estabelecido em torno de sua cama para garantir que os outros coelhos ficassem de fora, mas não foi necessário nenhum portão com trinco porque Majic não fazia esforço algum para sair.

Durante dois anos, Joey e Trixie desfrutaram de sua amizade. Até que Joey começou a perder peso e sua saúde piorou. Ele teve uma convulsão. Joy e seu marido consultaram um veterinário e todos concordaram que era hora de deixar o coelho partir. Ele foi submetido à eutanásia e, no consultório do veterinário, Trixie teve permissão para ficar junto ao seu corpo por algum tempo.

Ao voltar para casa com Joy, Trixie estava triste. Ela não comeu e, segundo Joy, "parecia uma figura fraca e patética deitada em sua casa vazia". Na manhã seguinte, porém, Joy viu uma cena inesperada: Majic havia pulado para fora de sua cama e os dois coelhos estavam deitados próximos um do outro, impedidos de um contato íntimo apenas pela porta da casa de Trixie.

Depois de acomodar Majic de novo em sua cama (em benefício de suas patas danificadas), Joy abriu um canal entre as duas casas. Durante dois dias, Trixie ficou indo e vindo entre os dois territórios, até que se mudou para ficar com Majic. No terceiro dia, os novos amigos afagavam-se e limpavam-se, e a coelha estava comendo bem novamente.

Trixie foi um dos que teve sorte, assim como Vincent tivera. Alguns coelhos não superam tão facilmente. Assim como muitos outros animais, os coelhos podem cair em séria depressão quando estão de luto. Em casos extremos, podem até morrer de inanição.

Quando eu estava investigando a natureza das graves respostas depressivas à dor da perda, Karen Wager-Smith me enviou um artigo que escrevera com Athina Markou sobre a neurobiologia da depressão. Com foco em uma grande variedade de animais, incluindo humanos, Wager-Smith e Markou tentam descobrir se uma compreensão da dinâmica do cérebro pode nos dar pistas sobre os aspectos adaptativos da depressão aguda, do tipo que é sintomaticamente intensa e de duração relativamente curta. As duas cientistas apontam uma cadeia de eventos que culmina na experiência de depressão aguda de uma pessoa. O desencadeador é algum acontecimento estressante na vida. Talvez a pessoa tenha perdido o emprego ou enfrentado um divórcio indesejado. Talvez tenha sido enviada repetidamente para participar em combates, ou o parceiro tenha morrido. Estudos mostram que aproximadamente três quartos dos episódios iniciais de depressão são precedidos de um grande estresse desse tipo.

Em seguida, acontece algo no nível neurofisiológico. O conhecimento da natureza dinâmica do cérebro implica que é hora de descartar antigas suposições de que este é um órgão que permanece fixo e estático na vida adulta, depois de um período de crescimento e adaptação ao longo da juventude. Na verdade, no nível fisiológico, nossos cérebros sempre crescem e se adaptam. Cada um de nós vê, pensa e sente de maneira própria em reação aos eventos que ocorrem (ou que criamos) e, ao fazermos isso, nossas conexões cerebrais se refazem. Dependendo de nossas experiências, os neurônios se fortalecem ou enfraquecem. De início, podemos considerar como fator negativo parte do desgaste neural; afinal de contas, uma perda de tecido cerebral não parece ser algo bom. É aí que acontece o segundo passo da sequência de Wager-Smith e Markou.

As pesquisadoras descrevem tipos de "microdanos" que o estresse pode causar no cérebro e que reduzem conexões neuronais cruciais em certas regiões. Dados de modelos animais sugerem que em duas áreas do cérebro – o hipocampo e o córtex pré-frontal – o material sináptico diminui em consequência do estresse. Como o hipocampo lida com a memória e a emoção, e o córtex pré-frontal é o centro do planejamento e da personalidade, está claro que esse dano, ainda que limitado, pode afetar a percepção que um animal tem do mundo.

E não apenas modelos animais indicam que o cérebro das pessoas muda por causa do estresse. Estudos recentes com imagens do cérebro sugerem uma relação causal entre uma depressão de longo prazo e o encolhimento de certas regiões cerebrais nas pessoas, mais claramente o hipocampo.

Mas, assim como nosso corpo reage rapidamente quando sofremos um trauma em um membro ou uma infecção em um órgão, o cérebro age para se proteger das agressões do estresse. O passo seguinte na cadeia é o reparo do cérebro, iniciado quando o microdano desencadeia uma resposta inflamatória. E, assim como pode haver consequências negativas de curto prazo durante a recuperação de um trauma ou uma doença, no período após o impacto cerebral do estresse uma pessoa pode se sentir cansada, dormir mais e comer menos. Quando o cérebro está envolvido, também há uma tendência a uma dor emocional aguda. Wager-Smith e Markou argumentam que a resposta de inflamação pode causar um tipo de hipersensibilidade à dor psicológica.

Em muitos casos, essa hipersensibilidade é de duração limitada, de maneira que, enquanto os mecanismos de reparo fazem seu trabalho, a angústia mental começa a abrandar aos poucos. Infelizmente, no entanto, a dor nem sempre diminui. Em algumas pessoas instala-se uma depressão aguda, como reação a um evento estressante, de um modo que dilacera a alma. Sistemas complexos como o cérebro humano estão propensos a resultados altamente variáveis, dependendo de um conjunto de fatores que vão de predisposições genéticas a padrões familiares, de características da personalidade ao acesso a recursos que podem fortalecer a capacidade de lidar com isso. Se, por alguma razão, a resposta de hipersensibilidade à dor mental fica arraigada, a pessoa pode cair na "dor inexorável" da depressão prolongada que William Styron descreve em suas memórias, *Perto das trevas*.

A sinopse que acabo de oferecer é apenas o resumo de uma hipótese detalhada. Em seu artigo, Wager-Smith e Markou apresentam evidências neurobiológicas para sustentar cada passo dessa cadeia que elas propõem. Como a força dessa argumentação tem raízes tanto na biologia quanto na cultura, esse modelo de adaptação humana é de um tipo que os antropólogos, como eu, admiram. Leva em conta tanto experiências vividas quanto aspectos da fisiologia e da genética. De novo, não se trata apenas de que o cérebro configure nossas reações ao que acontece à nossa volta, mas de que aquilo que acontece a nossa volta esteja modelando nosso cérebro, e continue a fazer isso durante nossas vidas.

Dentro de certos limites, portanto, uma resposta depressiva a um estresse grave pode ser superficial. Quando uma pessoa ou outro animal sofre o choque de um evento da vida, fechar-se um pouco pode ser benéfico para o cérebro do indivíduo. Assim, a pessoa que sofre ganha tempo para se recuperar emocionalmente enquanto um novo tecido cerebral cresce. As novas conexões neuronais podem, como afirma Wager-Smith, "mediar novas estratégias comportamentais" para o indivíduo enquanto este tenta superar o evento estressante.

Esse modelo é um acréscimo significativo a teorias anteriores, analisadas de maneira concisa por John Archer em seu livro *The Nature of Grief*. Archer nota que, em termos de evolução, a dor da perda pode ser de difícil adaptação, comprometendo a capacidade de um animal sobreviver e se reproduzir. Uma resposta de luto pode ser um tipo de resposta exacerbada à separação. A reação à separação, que ocorre quando dois animais que se importam um com o outro se veem separados por algum motivo, envolve aflição, protesto e comportamentos ativos que buscam a reunião com o parceiro perdido. Sendo assim, ela pode aumentar as chances de o animal voltar a se unir e, portanto, favorecer a adaptação. Em alguns casos, uma reação de dor pela perda pode assegurar que um parceiro de um par que foi separado não se interesse rapidamente por um novo parceiro, já que, afinal de contas, o animal perdido pode ainda retornar. Em outros casos, não há benefício em vista, o luto pode ser um subproduto natural e bastante elaborado da resposta de separação ou, de maneira mais ampla, dos vínculos fortes dos animais.

Archer discute a relação entre a depressão e o luto, mas o modelo de Wager-Smith e Markou explica, com mais precisão, por que pode não ser patológico para alguns animais demonstrar um luto intenso pela morte de um amigo ou parceiro. Se o estresse restabeleceu conexões no cérebro de um animal, um período de sono e alimentação alterados pode conservar a energia de um modo que ajuda a cura fisiológica, assim como a cura física. A tristeza – na verdade, uma agonia mental em alguns casos – é o "extra" que acompanha o estresse cerebral desse ser. Como me disse Wager-Smith, "o luto é um programa comportamental desenvolvido que, semelhante ao comportamento na doença, promove a convalescença durante um significativo trabalho de reescrita neural".

Quando um sobrevivente encontra um novo par, talvez o processo de reparação do cérebro acelere, tornando possível uma recuperação mais rápida. Vimos com os coelhos Vincent e Trixie e com outros animais que um novo estímulo social pode tirar um animal da letargia. Ao propor uma relação de causa e efeito entre a aquisição de um novo parceiro e um "pontapé inicial" na recuperação cerebral, estou apenas especulando. O modelo de Wager-Smith e Markou pode estar certo ou errado em seus detalhes, ou mesmo em seus pontos principais. Esta é a maneira – e uma maneira elegante – de a ciência propor uma explicação com várias etapas e intricada, e que deve ser testada, por seus autores e por outros, para reunir mais dados.

Sem dúvida não há uma explicação única e abrangente para todos os episódios de depressão em pessoas ou outros animais. Mas a beleza do modelo de Wager-Smith e Markou está num lembrete que ele oferece: como a morte e o luto certamente estão entre os acontecimentos mais estressantes da vida, pode haver uma base biológica comum ao luto que animais – cavalos, cabras, coelhos, gatos, cães, elefantes, chimpanzés e pessoas – sentem. Sugerir isso não é o mesmo que dizer que somos todos criaturas rigidamente estruturadas cujos cérebros respondem de maneira idêntica, e sim seriamente adotar a noção de que nós, mamíferos, temos algumas tendências em comum em nossa biologia e no modo como as experiências da vida podem afetar nossa biologia, embora, com base nessa plataforma comum, os resultados – devido aos comportamentos específicos das espécies, às diferentes histórias de desenvolvimento e às personalidades individuais em combinações complexas – sejam variáveis, tanto entre espécies quanto dentro delas.

Ao mesmo tempo, gosto de pensar nos coelhos como animais *iceberg* no mundo do luto animal. Os coelhos – assim como as galinhas e as cabras que comentei no Prólogo – não são os primeiros animais nos quais as pessoas pensam quando consideram o luto não humano. Eles são a ponta do *iceberg* porque nos apontam para um tempo futuro, talvez não muito distante, em que o fato da existência do luto animal será tido como um conhecimento comum.

5 OSSOS DE ELEFANTES

Quando os elefantes sentem o luto, a emoção pode emanar desses corpos enormes, cinzentos e enrugados em ondas perceptíveis. Se você estiver perto o bastante, poderá senti-la no ar.

O especialista em comportamento animal Marc Bekoff foi ao norte do Quênia com Iain Douglas-Hamilton, um dos maiores estudiosos de elefantes do mundo, e ficou impressionado quando espiou essas criaturas enormes pela primeira vez. "Suas cabeças estavam baixas", notou Bekoff, "as orelhas caídas, os rabos pendendo sem vigor, e eles apenas caminhavam para lá e para cá, aparvalhados, aparentemente arrasados." Ele sentiu a emoção dos elefantes e depois soube, por Douglas-Hamilton, que a matriarca do rebanho morrera recentemente.

Enquanto os dois cientistas continuavam seu passeio de carro, surgiu um segundo grupo de elefantes a apenas alguns quilômetros de distância. Ali, a cena era muito diferente. Esses elefantes pareciam contentes. De cabeça, orelhas e rabos erguidos eles exalavam uma sensação de bem-estar.

Que o primeiro grupo de elefantes, o grupo triste, estava de luto – e não apenas um pouco desorganizado por causa da perda da líder, ou momentaneamente perturbado por algum outro motivo – é algo que sabemos com certeza. Exemplos e mais exemplos do luto de elefantes que perderam um membro do grupo com o qual tinham um forte vínculo têm sido relatados por cientistas. No mundo incipiente dos estudos sobre o luto animal, isso é o que temos de mais próximo de uma certeza científica. Assim, os elefantes são a espécie de referência para a compreensão de como os animais selvagens sentem a dor da perda.

Os anos de estudos de Douglas-Hamilton sobre os elefantes comprovam, por si mesmos, esse argumento. Desde 1997, sua equipe de pesquisa monitora a população da Reserva Nacional de Samburu, no Quênia, onde novecentos elefantes são conhecidos como indivíduos distintos. (Este é um feito impressionante. Em Amboseli, no sul do Quênia, precisei fazer um verdadeiro esforço para aprender de maneira confiável as identidades de pouco mais de cem babuínos.) Um ano depois, a tecnologia do GPS foi acrescentada ao arsenal dos cientistas, de modo que dados rastreados por rádio suplementam a observação direta dos elefantes.

Em Samburu, assim como em outras populações de elefantes, as fêmeas e seus filhotes novos formam unidades coesas; as fêmeas aparentadas e seus associados favoritos tendem a ficar juntos ou se dividir em unidades menores que voltam a se reunir num rebanho a intervalos regulares. Na maior parte do ano, os machos maduros fazem seus percursos de maneira independente, voltando para o rebanho somente para se acasalarem com fêmeas férteis.

A julgar por uma descoberta fantástica de 2011, os elefantes pré-históricos também se organizavam exatamente assim. Distribuída sobre uma grande área de deserto nos Emirados Árabes Unidos, e estudada em parte com base em uma vista aérea, devido à sua grande extensão, há uma antiga "estrada" de pegadas de elefantes. As pegadas, que à primeira vista parecem ser simples depressões na terra, nos dizem que pelo menos treze elefantes de tamanhos e idades variados caminharam juntos há sete milhões de anos. Em separado, um elefante muito maior caminhou ali. Se, conforme suspeitam os cientistas, esse animal separado era um macho solitário, as pegadas equivalem a um anteprojeto pré-histórico da organização social dos elefantes hoje.

A geometria desses dois caminhos fossilizados é reveladora. A estreita trajetória das pegadas dos treze animais sugere que esses elefantes se moviam coordenamente. As pegadas do elefante solitário se cruzam com as desse grupo, o que significa que ele se movia de maneira quase perpendicular. O paleontologista Faysal Bibi descreveu as pegadas à BBC como um "belo flagrante" do comportamento social de um ancestral agora extinto dos elefantes de hoje.

Cynthia Moss, que pesquisa há muitos anos os elefantes de Amboseli, descreve o sistema de relações dos elefantes modernos como um círculo concêntrico. As fêmeas ocupam o centro. No anel seguinte estão as demais fêmeas parentes, como irmãs e avós. Nos anéis exteriores estão os machos – primeiro os mais jovens, já beirando a independência, e, por fim, os animais maduros, que saem em caminhadas.

Quando membros da família que foram separados em suas viagens divergentes reúnem-se novamente, essa reunião é uma virtual coreografia de alegria. Os elefantes entrelaçam suas trombas flexíveis, estalam suas presas batendo uma contra a outra e abanam as orelhas. Também podem expelir grandes jatos de urina. Às vezes, seus corpos volumosos giram de modo a ficar de costas um para o outro. Durante todo esse período, que pode durar até dez minutos, há acompanhamento vocal: roncos, gritos e barritos.

No reverso da alegria, entramos no território do luto. Em 2003, a equipe de Douglas-Hamilton registrou um acontecimento surpreendente com a elefanta Eleanor, matriarca de uma família chamada First Ladies. Bem conhecida pela equipe de pesquisa, Eleanor tinha sido vista cento e seis vezes ao longo dos anos. Aproximadamente cinco meses e meio antes do incidente que vou descrever, ela havia parido. Seu filhote, uma fêmea, estava indo bem. Maya, uma elefanta que havia sido vista cento e uma vezes, era a companheira mais próxima de Eleanor, e os pesquisadores suspeitavam fortemente que eram mãe e filha.

No início da noite de 10 de outubro, Eleanor foi vista arrastando sua tromba, inchada, pelo chão. Uma orelha e uma perna pareciam machucadas. Como Douglas-Hamilton e seus colegas de trabalho relataram mais tarde, ela deu "alguns passos pequenos e lentos" e, em seguida, foi vista "caindo pesadamente no chão". Dois minutos depois, Grace, matriarca de uma família chamada Virtues, aproximou-se. Usando a tromba e uma pata, ela examinou o corpo de Eleanor. Grace, então, usou suas presas para erguê-la e pô-la ereta. Fraca demais para ficar de pé, Eleanor caiu de novo quando Grace a empurrou, tentando fazê-la andar.

Grace deve ter compreendido algo sobre o terrível estado físico de Eleanor, porque demonstrou extrema aflição ao se aproximar para ajudá-la, barrindo e continuando a empurrar Eleanor com as presas. Mesmo quando o resto de sua família seguiu em frente, Grace permaneceu firme ali durante pelo menos mais uma hora, bem ao lado de Eleanor. Nesse momento, Maya, a (suposta) filha de Eleanor, estava longe e não podia ter a menor ideia do que acontecera. Na verdade, Eleanor jamais voltou a se levantar. Morreu na manhã seguinte.

Do rastreamento por rádio, sabemos que no segundo dia Maya veio e ficou a dez metros de Eleanor. Mas foi uma elefanta chamada Maui, de uma família designada Hawaiian Islands, que demonstrou uma forte reação ao corpo de Eleanor. Ela estendeu a tromba, farejou e tocou o corpo. Em seguida, pôs a tromba dentro da boca de Eleanor. Maui colocou a pata direita sobre Eleanor, cutucou-a e puxou o corpo com a pata esquerda e a tromba. Suponho que estivesse tentando aprumá-la, como Grace fizera no dia anterior. Então, Maui fez algo diferente: ficou em cima do corpo e balançou para frente e para trás. Todas essas ações duraram oito minutos.

Durante uma semana inteira após a morte de Eleanor, elefantes aproximaram-se do corpo num desfile de exploração e emoção. No terceiro dia, os guardas do parque cortaram as presas do corpo de Eleanor, provavelmente para evitar a ação de caçadores de marfim. Desse momento em diante, o que permaneceu ali foi um corpo de elefante seriamente desfigurado. A tromba de Eleanor fora cortada e, onde normalmente ficam as presas, havia apenas buracos abertos.

No mesmo dia, Grace voltou para Eleanor. Desta vez, não fez qualquer movimento para erguê-la; apenas ficou quieta junto ao corpo. Maya e outros membros da família de Eleanor aproximaram-se. Até onde sei, com base nos relatos, eles não tocaram o corpo da matriarca – com uma exceção. A filha jovem de Eleanor – o filhote novo – roçou a tromba em sua mãe. Parecia desorientada, tentando mamar em outros filhotes jovens e depois voltando ao corpo da mãe.

Essa pequena elefanta acabaria não sobrevivendo. Embora tenha sido vista nas semanas seguintes tentando mamar em outras fêmeas reprodutoras do grupo de sua mãe, nenhuma daquelas elefantas a satisfez – e ela era jovem e vulnerável demais para sobreviver sem leite. Mas, no terceiro dia, o filhote parecia apenas querer ficar perto de sua mãe sem vida. Quando uma família que não tinha parentesco com estes elefantes, chamada Biblical Towns, aproximou-se, seus elefantes afastaram as First Ladies – ou seja, os parentes de Eleanor – no que pareceu ser uma combinação de tentativa de dominação com desejo de explorar o corpo morto. Somente a filha jovem de Eleanor não foi afastada. Uma fotografia mostra-a de pé ao lado da mãe, sozinha, perto de um grupo de elefantes grandes e imponentes que não eram seus parentes. A postura rígida do bebê, com sua tromba levemente estendida, é uma imagem pungente.

Nos quatro dias seguintes, Maya e outros membros da família First Ladies passaram algum tempo perto do corpo de Eleanor, e também algum tempo afastados. Mas no quarto dia a carcaça se tornara um banquete para carniceiros: chacais, hienas, abutres e leões alimentaram-se dela. No sexto dia, uma fêmea chamada Sage, da família Spice Girls, aproximou-se do corpo. Mesmo a essa altura – sem as presas e com a carcaça parcialmente consumida – Eleanor suscitou uma reação. Sage passou três minutos farejando e tocando o corpo com sua tromba.

Em nenhum momento durante a semana da morte de Eleanor um macho visitou a carcaça. As respostas vieram de fêmeas, mas não apenas de parentes. Cinco famílias de elefantes demonstraram interesse especial pelo corpo, inclusive sua própria família. Em seu relato, Douglas-Hamilton e seus coautores registram que acreditam ser significativo o fato de elefantes se interessarem intensamente por indivíduos à beira da morte ou mortos, independentemente de uma relação genética. "Os elefantes têm uma resposta generalizada ao sofrimento e à morte", concluem eles.

O estudo das reações dos elefantes à morte de Eleanor durou uma semana, mas é quase certo que os elefantes se lembrem de seus mortos por muito mais tempo que isso. Se em Samburu os dados rastreados por rádio suplementam o que sabemos com o trabalho de observação, em Amboseli as tentativas experimentais de mensurar as respostas dos elefantes oferecem uma nova perspectiva sobre como os elefantes reagem aos mortos.

Admito que tenho um apreço especial pela pesquisa sobre os elefantes de Amboseli. Em primeiro lugar, existem dois mil e duzentos elefantes conhecidos individualmente em Amboseli – se achei os novecentos de Samburu impressionantes, digamos que estou pasma com esse número tão mais alto e com o intenso trabalho que isso representa para os estudiosos de elefantes. Além disso, foi em Amboseli que passei quatorze meses observando babuínos, e onde tive a incomparável experiência de observar os elefantes que se moviam pesadamente bem dentro do meu quintal. Os elefantes de Moss (é assim mesmo que me lembro deles) transitavam surpreendentemente perto da casa de adobe e palha do Amboseli Baboon Project onde morei. À noite, em meu quarto pela janela de tela aberta, eu ouvia o ruído de seus grandes corpos abrindo caminho e se movendo lentamente pela vegetação. Durante o dia, via suas silhuetas contra o monte Kilimanjaro que, carregado de neve, erguia-se grandioso sobre a fronteira com a Tanzânia. Embora meu foco sejam os primatas, e eu nunca tenha estudado formalmente os elefantes de Amboseli, meus encontros casuais com eles em casa e no campo foram inesquecíveis.

A ideia de que os elefantes de Amboseli procuram os ossos de seus entes queridos falecidos para acariciá-los me pareceu maravilhosa; envolvia a inteligência e a emoção dos elefantes num só pacote. Relatei a outras pessoas que os elefantes distinguem os ossos de seus parentes mortos dos ossos de outros elefantes em seu hábitat, e que se comportam de maneira diferente em relação aos ossos de seus parentes. Não que essa informação seja completamente falsa, ou represente um mito. Não é como a ideia popular, mas apócrifa, de um cemitério de elefantes. (Os elefantes não viajam de propósito até um lugar específico para morrer. Eles podem viajar em direção à água e acabar morrendo em grupos perto da água, com uma regularidade maior do que se fosse aleatório, ou podem, lamentavelmente, ser baleados por humanos em número suficiente para que suas carcaças espalhadas lembrem um cemitério.) Na verdade, tive conhecimento de que os elefantes procuram os ossos dos parentes mortos pela própria Cynthia Moss.

Em seu livro *Elephant Memories*, Moss conta uma história de quando ela levou de volta a um campo a mandíbula de uma elefanta matriarca morta. Três dias depois, a família da elefanta passou perto do campo. Quando sentiram o cheiro da mandíbula, os elefantes desviaram-se de seu caminho para se aproximar dela. Quando a família terminou sua inspeção e seguiu adiante, um elefante ficou para trás. O filho de sete anos da fêmea morta continuou a bater na mandíbula e a virá-la com a pata e a tromba. Moss teve certeza de que o jovem macho, de algum modo, reconheceu sua mãe.

Outra resposta dos elefantes de Amboseli aos ossos de um parente – a matriarca – foi captada num filme. Um pequeno grupo de elefantes circunda ossos no chão. Alguns começam a revirar os ossos e a apanhá-los com suas trombas, sentindo seus cantos, suas fendas e reentrâncias. A exploração detalhada dos ossos é que é tão incrível: o tempo todo, os elefantes – pelo menos alguns deles – vocalizam. Em seguida, com os ossos no chão novamente, eles os tocam com as patas traseiras.

É comum os elefantes de Amboseli afagarem ossos embranquecidos com os quais se deparam em suas viagens. Mas será que a exploração dos ossos registrada nesse filme (e descrita por outros pesquisadores de elefantes) se equipara a um luto, como sugere o narrador do filme de Amboseli? Será que a força da resposta dos elefantes a ossos embranquecidos tem alguma relação com o grau de parentesco com o elefante morto? Isso parece plausível, uma vez que sabemos que os elefantes aparentados formam vínculos profundos entre si, que os elefantes têm uma memória duradoura e sofrem com a morte de outro. Seria tão estranho pensar que eles, de algum modo, identificam os ossos de entes queridos que morreram algum tempo antes e os visitam para homenageá-los?

Karen McComb, Lucy Baker e Cynthia Moss buscaram respostas a essas perguntas com experiências em Amboseli, num excelente exemplo de como a ciência funciona. As três cientistas começaram seguindo rigorosamente uma impressão que Moss tivera em suas observações casuais de como parentes reagem a ossos de mortos. As perguntas da pesquisa feitas pelo trio foram as seguintes: Os elefantes são mais atraídos por caveiras e marfim de elefantes do que por outros objetos? Eles mostram mais interesse por caveiras de elefantes do que por caveiras de outros mamíferos grandes? Eles preferem investigar as caveiras de parentes do que as de outros elefantes? Sim, sim e não são as respostas, de acordo com os dados da experiência. Os elefantes preocupam-se muito mais com seus ossos do que com outros objetos ou ossos de outras espécies, mas não há evidências de que preferem os esqueletos de parentes aos de outros elefantes.

Primeiramente, o grupo de pesquisadoras mostrou um pedaço de marfim, um pedaço de madeira e uma caveira de elefante a uma série de famílias de elefantes (uma família de cada vez). A arrumação dos objetos foi cuidadosamente controlada, de modo que em cada tentativa a posição dos objetos variava: mais à direita, no centro ou mais à esquerda. As respostas comportamentais dos elefantes foram gravadas em vídeo, com particular atenção, na fase de análise, à duração do tempo que um elefante passava explorando um objeto com a tromba ou as patas. Dos três objetos, os elefantes preferiram o marfim. A caveira foi o seguinte, e, por fim, a madeira. Como a caveira, obviamente, é invisível durante a vida do animal, eu me pergunto se o marfim foi o preferido porque os elefantes o reconheceram mais prontamente como pertencente a um indivíduo específico, talvez por meio de uma cicatriz, um lugar lascado ou uma área desbotada. McComb e suas colegas sugerem essa possibilidade observando a associação do marfim a elefantes vivos.

Em seguida, três caveiras – de um elefante, de um búfalo e de um rinoceronte – foram dispostas diante de famílias de elefantes. Os elefantes claramente preferiram a caveira de um animal de seu próprio tipo, com uma atração menor, mas equivalente, pelas caveiras das outras duas espécies. A terceira parte da pesquisa envolveu três famílias de elefantes que haviam perdido suas matriarcas no período de um a cinco anos antes. Os sobreviventes foram apresentados às caveiras das três matriarcas, sendo que apenas uma destas, é claro, pertencia à matriarca de seu grupo. Eles não mostraram um interesse maior pelo esqueleto de sua matriarca.

Qual seria, então, o significado da história de Moss sobre o filho de sete anos afagando os ossos da mãe? Será que os resultados da experiência negam a emoção que o filho pareceu expressar quando se demorou diante dos restos de sua mãe, ou negam a sugestão de que os elefantes, de maneira mais geral, podem sentir o luto por seus entes queridos acariciando os ossos? Acho que a resposta a esta última pergunta é "não". Quando relatadas por cientistas ou outros que interpretam com cautela o comportamento de animais que conhecem bem, as histórias apontam para a capacidade de um animal de executar alguma ação ou expressar alguma emoção. Mesmo que apenas alguns elefantes sofram com a morte de um parente ou amigo perdido, mesmo que apenas alguns elefantes afaguem os ossos de seus parentes mortos, esse comportamento é genuíno, e significativo, para esses indivíduos.

No que tange à emoção, a ciência do comportamento animal hoje alterna-se entre a análise de histórias de observadores confiáveis e evidências oriundas de experiências controladas (as quais, como nos mostram os pesquisadores de Amboseli, podem ocorrer em campo e também em cativeiro). Essas duas fontes são complementares. Os eventos relatados podem ser raros, mas indicam possibilidades antes nem consideradas e uma profundidade emocional no comportamento de animais; as evidências controladas exigem que ponhamos um freio nas generalizações precipitadas sobre essas fascinantes possibilidades. A experiência de McComb, Baker e Moss restringe afirmações descabidas no sentido de que os elefantes (todos eles) reconhecem e preferem os ossos de seus parentes mortos, e isso, por sua vez, restringe especulações sobre o modo como os elefantes (todos eles) sentem o luto.

O estudo de McComb nos revela que os elefantes ficam extremamente intrigados com os ossos de sua própria espécie. Na vida cotidiana, essa tendência certamente significa que eles são atraídos por ossos de seus parentes (e também de não parentes) e interagem com eles. A prontidão com que os elefantes reconhecem os ossos de seus parentes e sofrem com a sua morte continua sendo um mistério.

Certa vez, a família de elefantes Echo, em Amboseli, aproximou-se da carcaça de uma fêmea jovem que estivera doente por algumas semanas. O fato de que os elefantes exploraram a carcaça não foi surpresa, mas eles fizeram também algo fora do comum. Enquanto Moss os observava, eles

> "começaram a chutar o chão em torno da carcaça, revolvendo a terra e pondo-a sobre o corpo. Alguns outros quebraram galhos e folhas de palmeiras e os trouxeram para depositá-los sobre a carcaça. A essa altura, o administrador do parque circulava o local do alto e mergulhou seu avião para orientar os guardas florestais sobre o lugar onde estava o elefante morto, para que eles pudessem retirar as presas. Os [elefantes] se assustaram com o avião e correram. Acho que se não tivessem sido perturbados teriam quase enterrado o corpo."

Deve ter sido incrível testemunhar o quase enterro realizado pelos elefantes. Será que esse ato interrompido foi uma tentativa de proteger o corpo do elefante falecido? Por que outros pesquisadores de elefantes de longa data não relataram (pelo menos que eu saiba) esse comportamento? O ato de elefantes enterrarem um corpo não deve ser comum; os cientistas acumularam muitas horas em campo para que esse comportamento não fosse observado, se ele fosse rotineiro. Mas é impossível duvidar do relato de Moss, considerando seu íntimo conhecimento desses elefantes.

No Elephant Sanctuary, em Hohenwald, Tennessee, os elefantes também são intimamente conhecidos, neste caso por seus cuidadores. As histórias sobre o passado dos elefantes, principalmente no mundo do entretenimento ou do jardim zoológico, de como se adaptam a essa nova vida, de quais são suas amizades e como expressam suas personalidades, tudo isso é observado. Olhos conhecedores e atenciosos testemunham sutilezas do comportamento desses animais e depois as compartilham com a comunidade maior dos amantes de elefantes, postando-as no *site* do santuário na internet, que tem uma seção dedicada a cada elefante residente. Eu nutri especial afeição pela história da elefanta Tina.

Tina nasceu em 1970, no jardim zoológico de Portland, Oregon. Aos dois anos de idade, Tina foi vendida pelo zoológico de Oregon a uma fazenda de animais de caça em Columbia Britânica no Canadá. Durante quatorze anos, ela viveu sozinha num celeiro, acompanhada apenas de uma cadela são bernardo chamada Susie. De vez em quando, ela recebia as visitas noturnas dos filhos do fazendeiro ao celeiro. O quanto esses quatorze anos devem ter parecido longos para Tina, que suportou tanta solidão dia após dia e hora após hora? Até que outra elefanta, Tumpe, juntou-se a Tina. Essas duas fêmeas tiveram permissão para ficar juntas mesmo quando a fazenda foi vendida e transformada no Greater Vancouver Zoo. Novamente residente de um zoológico, Tina, desta vez, tinha uma elefanta como companhia – até 2002, quando Tumpe foi vendida para outro zoológico nos Estados Unidos. Tina estava de novo sozinha.

A essa altura, a elefanta não se encontrava em seu melhor estado de saúde. Ela estava pesada demais e suas patas lhe causavam problemas, que costumam acometer elefantes cativos. Os funcionários do zoológico canadense não apenas cuidaram de Tina, como se preocuparam o bastante para libertá-la das severas restrições físicas e emocionais da vida no zoológico. Em agosto de 2003, Tina foi transportada ao longo de cerca de quatro mil e oitocentos quilômetros até o Elephant Sanctuary, no Tennessee. Ali, ela descobriu aquilo do qual havia sido privada por tanto tempo: a companhia constante de outros de sua espécie.

Esse resultado feliz não aconteceu facilmente. Exigiu persuasão paciente de treinadores emocionais de duas espécies: humanos e elefantes. Afinal de contas, Tina nunca estivera com mais de um elefante ao mesmo tempo; de repente, ela tinha que se debater com um monte de sinais sociais vindos de outros elefantes e lidar com uma rede de relações entre eles. No início de 2004, Tina ainda estava hesitante em algumas de suas interações sociais. Quando entrava mais de um elefante na baia de grupo, ela saía.

Certa noite, em meados de janeiro, a elefanta Tarra e depois outra, chamada Jenny, entraram na baia e começaram a se esfregar em Tina. Embora tenha se mudado para a baia ao lado, Tina optou por ficar perto das duas fêmeas. Quando Jenny se enfiou na baia de Tina, esta agiu de modo possessivo com sua bola e seu feno, mas acabou relaxando. Isso foi um passo à frente. Naquele mesmo mês, surgiu um vínculo entre Tina e Winkie. Os cuidadores notaram que Winkie parecia querer secretamente um vínculo social com Tina. Winkie demorara mais de dois anos para se integrar ao rebanho do santuário. Agora, ela parecia ansiar pelo afeto de Tina, mas ao mesmo tempo escondia evidências disso dos olhos humanos.

Esse comportamento é compreensível à luz da história de Winkie. Nascida em ambiente selvagem na antiga Birmânia (atual Mianmar), ela foi capturada quando tinha um ano e mantida num jardim zoológico nos Estados Unidos, onde os funcionários administraram seu comportamento com ríspidas demonstrações de domínio. Winkie levou anos para perder a rigidez que assumira no zoológico, mas isso acabou acontecendo; quando começou a se aproximar de Tina e tocá-la, sua delicadeza foi incentivada pelos funcionários do santuário.

Em março, mesmo enquanto as interações prazerosas entre Tina e Winkie continuavam, Tina estava desenvolvendo um vínculo especial com Sissy. Assim como Winkie, Sissy fora capturada na natureza quando tinha um ano, neste caso, na Tailândia. Separada de sua família e confinada em zoológicos, Sissy passou por uma série de acontecimentos complicados e tristes. Levada por uma enchente num zoológico no Texas, espancada por funcionários de outro. Entretanto, no santuário ela agia com delicadeza. Para sua segurança emocional, levava um pneu a quase todo lugar que ia. Mas adorava a companhia de elefantes também.

De início, Tina cometeu alguns deslizes, empurrando, puxando e cutucando Sissy de maneira não muito carinhosa. A paciência de Sissy era impressionante e, em abril, as duas já demonstravam afeição uma pela outra. Durante esse período, o estado das patas de Tina começou a melhorar visivelmente. A coincidência entre as recuperações física e emocional de Tina faz muito sentido: assim como acontece com as pessoas, o corpo e o espírito às vezes se curam juntos. A equipe do santuário pensou em maneiras criativas de ajudar Tina, chegando ao ponto, em junho, de tirar moldes de suas patas dianteiras para que sapatos especiais pudessem ser feitos sob medida para ela. Os funcionários acreditavam que, se as patas sensíveis da elefanta pudessem ser protegidas, talvez ela começasse a explorar a riqueza das terras do santuário. Os hectares de riachos, lama e outros mini-hábitats alegres pertenciam a Tina tanto quanto aos outros elefantes.

Essas esperanças com o futuro de Tina não se concretizaram. Em julho, ela morreu inesperadamente. Sob tratamento para alguns males menores que envolviam perda de habilidade motora e apetite reduzido, a elefanta parecia estar bem, e em nenhum momento seu estado foi considerado uma ameaça à sua vida. Ela simplesmente caiu e não teve controle muscular para ficar ereta, mesmo depois de ser levantada. Deitada sobre um colchão de feno, ela parou de respirar.

Os funcionários que cuidavam de Tina ficaram em choque e lamentaram sua morte naquele dia e durante um tempo considerável depois disso. Mas quero manter o foco nas reações de Tarra, Winkie e Sissy.

Tarra foi a primeira elefanta a visitar o corpo de Tina. Anos depois, Tarra se tornaria uma estrela na mídia graças a seu forte vínculo com uma cadela chamada Bella. A história de "Tarra e Bella" tornar-se-ia viral por meio da cobertura do programa de TV CBS Sunday Morning e pelo livro *Amizades improváveis* (veja o capítulo 10). Mas agora, em 2004, Tarra acabara de perder sua amiga elefanta Tina. Winkie e Sissy também a haviam perdido, e foram essas duas elefantas que permaneceram junto ao corpo de Tina durante toda a primeira noite e parte do dia seguinte. Elas recusaram toda oportunidade de sair para apanhar comida ou água, ou para uma caminhada. Sissy permaneceu quieta, mas Winkie, não; a emoção era aparente em sua atitude atormentada de cutucar o corpo de Tina repetidamente.

No dia seguinte, funcionários do santuário reuniram-se para enterrar Tina. Tarra e Winkie permaneceram à margem da sepultura. Juntamente com Sissy, elas ali permaneceram no início da noite e no dia seguinte. Mais uma vez, diferenças individuais no luto ficaram aparentes: Tarra foi vocal e solicitou a atenção dos cuidadores, Sissy manteve-se em vigília e Winkie perambulava com passos rígidos.

No dia seguinte, antes de ir para outra parte do santuário, uma atitude de Sissy surpreendeu as pessoas que a testemunharam. Ela pôs seu querido pneu – seu objeto de estimação – sobre o túmulo da amiga. E ali o deixou por vários dias, como uma oferenda em memória à elefanta.

6 MACACOS SENTEM A DOR DA PERDA?

O macaco do velho mundo (*Macaca sinica*), da ilha de Sri Lanka, vive num cenário paradisíaco. As copas verdes das árvores estendem-se ao longe, e nelas os macacos usam suas mãos de agarrar para apanhar lagartas saborosas que ficam penduradas nas árvores como fios longos e finos. A floresta ostenta frutas suculentas e um pequeno lago pontuado por outra iguaria apreciada pelos macacos: lírios.

Mesmo em meio a essa abundância, esses animais enfrentam perigos, alguns externos e outros dentro de seus grupos. Num documentário chamado *Clever Monkeys*, o naturalista David Attenborough explica quanto custa pertencer ao grupo que amarga um *status* inferior. Somente os macacos de *status* elevado podem se pendurar nos galhos das árvores sobre a água, estendendo o braço para arrancar os lírios da superfície; os macacos de nível inferior precisam entrar na água e mergulhar para pescar raízes e bulbos. O problema aqui não é apenas o do tempo e da técnica necessários para aprender a fazer esse tipo de coisa, mas também a presença de um perigo concreto: um grande lagarto-monitor que faz sua casa no lago.

Sabendo do perigo que esse réptil representa no lago, os macacos põem um guarda para vigiar o lado do lago onde os de *status* inferior entram na água. O trabalho do guarda é soltar um grito de alerta quando o grande lagarto é visto. Se o macaco escalado fica vigilante, o método funciona bem. No dia em questão, porém, o guarda está cochilando enquanto um macaco jovem está colhendo lírios no lago. Quando outros macacos veem o lagarto e emitem gritos de alerta, é tarde demais. A câmera capta o lagarto-monitor se revolvendo com aquele peculiar movimento dos lagartos e o macaco morto preso em sua boca. Nenhum dos outros vai atrás dele. Os companheiros do grupo do macaco não tentam qualquer resgate. O lagarto não é acossado, o macaco morto não desperta qualquer sentimento visível de tristeza.

Mais tarde, outro membro do grupo jaz morto sob uma árvore, o perdedor numa luta de machos pela liderança do grupo. Seus membros estão rígidos, sua boca, esticada numa leve careta de morte. Seus companheiros do grupo aproximam-se, incluindo alguns de seus filhotes; sete ou oito macacos imediatamente cercam o corpo. Alguns inclinam-se e cheiram, outros tocam o cadáver – quando um macaco toca a mão fechada e ereta do animal morto, a mão volta rigidamente para o lugar. Depois de algum tempo, os curiosos vão embora. O líder morto, embaixo da árvore, é abandonado.

As reações dos macacos a essas duas mortes podem representar cenários comuns entre animais selvagens. A morte do macaco jovem acontece rapidamente, e o corpo desaparece de cena na boca do predador. O que os sobreviventes pensam ou sentem em relação a essa ocorrência é completamente obscuro para nós. No caso do líder mais velho eliminado por seu rival, a reação do grupo é visível. O corpo é explorado pelos sentidos da visão, do olfato e do tato. Para um observador humano, está claro que os macacos que cercam o corpo sabem que algo aqui não é normal; certamente eles não estão confundindo o companheiro de grupo morto com um animal descansando, dormindo ou ferido. Não há qualquer expressão clara de luto.

Na natureza, membros de um grupo fortemente unido de primatas sentem bastante uma perda. Conforme relata a primatóloga Jeanne Altmann em seu livro agora clássico *Baboon Mothers and Infants*, a taxa de mortalidade dos babuínos em Amboseli, no Quênia, aproxima-se de 30% por ano nos primeiros dois anos de vida. Depois disso, despenca, porém mais tarde sobe de novo, de modo que, na vida adulta, as fêmeas apresentam um índice de mortalidade de

12%. Embora esses números sejam específicos para certos macacos e para um determinado tempo, perfis demográficos sugerem que eles não são incomuns em populações de animais selvagens de maneira mais geral.

A experiência da morte de um companheiro do grupo – ou mesmo de um filhote ou outro parente próximo ou um parceiro social – está longe, então, de ser rara entre animais selvagens que vivem em grupo. Se pensarmos na dor da perda e no luto em termos da teoria da evolução, uma hipótese negativa (chamada de hipótese "nula" no jargão científico) pode vir à mente: animais selvagens que enfrentam os desafios da sobrevivência e da reprodução não deveriam gastar tempo ou energia para expressar pesar pela perda quando um membro do grupo morre. Uma versão mais fraca da mesma hipótese seria a de que os animais selvagens só deveriam gastar tempo ou energia com o luto quando os recursos necessários à sobrevivência estão disponíveis com bastante abundância.

Se a morte não suscita qualquer resposta emocional específica, será que essa ausência de luto pode ser explicada como uma estratégia de poupar energia que estaria sob o controle da seleção natural? Se for assim, será que alguns sobreviventes sentem emoção mas simplesmente a ignoram? Ou não sentem emoção alguma? Empregando apenas a observação, sem as medidas invasivas da fisiologia do estresse, não podemos fazer uma distinção entre essas alternativas. (Logo discutiremos o que essas medidas invasivas nos informam.)

Se há algum macaco do velho mundo que possivelmente sentiria a morte do jovem arrancado do lago pelo lagarto-monitor, este macaco seria sua mãe. A relação mãe-filho em macacos, assim como em quase todos os primatas, é incrivelmente estreita. Pesquisas mostram que, entre os macacos reso – parentes próximos dos macacos do velho mundo –, as mães e os filhotes compartilham o que é chamado de comunicação cara a cara recíproca. Esse conjunto de comportamentos entre mães e bebês envolve beijos nos lábios, contatos boca a boca e, o mais significativo de todos, uma prolongada troca de olhares.

Pense em como a troca de olhares é importante em nossa própria espécie quando vão se desenvolvendo vínculos entre bebês e aqueles que cuidam deles. Uma lembrança muito vívida que venho nutrindo há dezoito anos remonta à infância de minha filha Sarah. Era um sábado, exatamente quatro semanas depois de seu nascimento. Eu a carregava em meus braços do outro lado da rua, em frente à nossa casa, a caminho de dar boas-vindas a novos vizinhos. Quando olhei para ela, agasalhada do ar frio de novembro, ela fixou os olhos nos meus e abriu um enorme sorriso. Foi o que os psicólogos do desenvolvimento chamam de sorriso social, um tipo de sorriso consciente, intencional, que é diferente dos movimentos reflexos da boca de um recém-nascido. Para mim, uma cansada, mas inebriada, mãe de primeira viagem, a troca de olhares e o primeiro sorriso social significaram uma coisa: meu bebê me amava também.

Os meandros da relação emocional entre as macacas mães e seus bebês ainda não foram bem estudados. Mas é plausível supor que olhares e expressões faciais compartilhados ao longo das gerações tanto aumentam a sobrevivência infantil quanto fazem fluir sentimentos de conforto ou prazer entre os dois. Bebês macacos recém-nascidos agarram-se à barriga de suas mães; no início, a mãe é o universo deles, a fonte de todo o calor, toda a nutrição e toda a segurança. Para a mãe, os cuidados com o filhote a absorvem totalmente. Ela começa carregando o filhote sobre o corpo o tempo todo (exceto em algumas espécies de macaco em que os pais e os irmãos ajudam). As mães podem balançar seus bebês, brincar com eles, fazer com a boca o movimento de um beijo dirigido a eles e tentar capturar o olhar deles para facilitar a troca de olhares.

Sabemos, pelos dados de mortalidade, que muitas macacas mães perdem seus filhotes cedo. Quando isso acontece, algumas simplesmente põem o corpo no chão, ou deixam-no ficar onde caiu, e seguem em frente com suas vidas. Nenhum sentimento de perda visível parece acompanhar esses atos de abandono. Outras mães, no entanto, continuam a carregar o corpo do filhote depois da morte. Seria essa atitude uma expressão do luto maternal?

A atitude da mãe ao carregar o cadáver do filhote foi monitorada pelo primatólogo Yukimaru Sugiyama e seus colegas durante mais de duas décadas numa população de macacos-japoneses, parentes próximos do macaco do velho mundo e do reso. Esses macacos vivem nas encostas do monte Takasakiyama, no sul do Japão. A mortalidade de filhotes é elevada, como é de se esperar em uma população selvagem; com base num período de nove anos de coleta de dados intensiva, o índice de mortalidade no primeiro ano de vida foi de 21,6%. Esse ato (de carregar o filhote morto) foi observado ao longo de vinte e quatro anos, durante os quais foram registrados cento e cinquenta e sete casos em seis mil setecentos e oitenta e um nascimentos de macacos reso. Os pesquisadores reuniram todo tipo de estatística sobre dados como a idade dos mortos e por quanto tempo o cadáver foi carregado. No prazo de uma semana após a morte, 91% dos filhotes haviam sido abandonados por suas mães. O período mais longo durante o qual um filhote foi carregado pela mãe foi de dezessete dias. A essa altura, o pequeno corpo carregado estava decomposto, infestado de moscas e exalando mau cheiro. A maioria dos outros macacos evitava essa mãe, e quando os mais jovens mostravam interesse pelo corpo deteriorado, eram repelidos por ela.

Ao apresentarem esses dados, o primatológo Sugiyama e seus colaboradores fazem uma pergunta-chave: o ato de carregar o filhote morto sinaliza emoção materna ou aponta para a falta de qualquer consciência da mãe de que seu filhote tinha morrido? A hipótese nula, para este caso, deve levar em conta a necessidade que os animais selvagens têm de administrar sua energia – carregar o filhote representa, afinal, um grande gasto de energia para a mãe. Em Takasakiyama, os macacos precisam transpor um morro íngreme todos os dias e, com um filhote morto a reboque, as mães perdem o uso livre de uma das mãos. Seus movimentos e sua coleta de alimentos muito provavelmente ficam comprometidos. Então, por que elas fazem isso? Qual o significado de as mães carregarem os filhotes com uma frequência expressivamente maior quando a morte ocorre menos de trinta dias após o nascimento do filhote?

Isso era especialmente comum quando o filhote vivia mais de um dia mas morria alguns dias depois; como Sugiyama e seus colaboradores observam, esse padrão coincide com o período em que o filhote, ainda incapaz de se mover bem ou sozinho, começa a se agarrar à mãe e a mamar regularmente. Mas nem todos os filhotes mortos eram carregados. Não é como se algum fator desencadeador associado ao tamanho, ao peso ou à idade do filhote levasse a mãe a uma reação inata de carregá-lo.

Para mim, o mais curioso é que os filhotes que viviam mais tempo, e que presumivelmente tinham um período maior de ligação emocional com suas mães, não eram carregados por mais tempo do que aqueles que mal eram conhecidos por suas mães. Ao reunir todos os dados, não consigo considerar os comportamentos descritos para esses macacos condizentes com uma alegação de que existe luto entre os macacos.

O comportamento maternal de carregar o cadáver também foi descrito por Peter Fashing e seus colegas que estudam os macacos geladas em Guassa, na Etiópia. Os geladas de Guassa que têm corpos grandes e pelos longos vivem nas Terras Altas da Etiópia. Ao longo de um período de três anos e meio, quatorze fêmeas de Guassa carregaram filhotes mortos, algumas por apenas uma hora, outras

HESTER COM O SEU FILHOTE HISHAN MORTO. *FOTO DE RYAN BURKE.*

durante muito mais tempo. A maioria desses episódios durou de um a quatro dias, e três fêmeas carregaram seus filhotes por tempos significativamente maiores: treze, dezesseis e quarenta e oito dias. Nesses casos prolongados, os corpos dos filhotes tornaram-se, aos poucos, mumificados e, assim como aconteceu com os macacos-japoneses em Takasakiyama, exalaram um cheiro desagradável.

Quarenta e oito dias é um tempo longo para carregar um corpo morto e, para mim, isso sugere uma ação decididamente voluntariosa por parte dessa mãe. Nesse período ela reiniciou o ciclo reprodutivo e foi vista copulando enquanto segurava o corpo do filhote morto com uma das mãos. O tempo durante o qual carregou o filhote para depois abandoná-lo não pode ser explicado, pelo menos neste caso, por mudanças hormonais decorrentes de um desmame repentino. Essa mãe carregou o filhote morto durante esse período e depois dele.

Mais do que a duração do comportamento de carregar o filhote morto, o que impressiona em Guassa é o interesse pelo cadáver demonstrado por outras fêmeas além da mãe. Em dois casos, fêmeas jovens tiveram permissão para carregar e cuidar dos corpos de filhotes pertencentes a fêmeas adultas do grupo. Em grupos de macacos geladas relativamente pequenos, os macacos coletam alimento cada um por si durante o dia, mas à noite se reúnem e se aglomeram nos penhascos onde dormem. Num exemplo notável, a equipe de Fashing viu uma fêmea carregando um filhote morto de uma mãe de outro grupo; essa fêmea limpou o corpo e permitiu que uma fêmea jovem fizesse o mesmo.

Mesmo tendo em mente a hipótese da conservação de energia por animais selvagens, achei surpreendente o fato de, em geral, as macacas mães não demonstrarem uma evidência de luto mais discernível. Durante meus quatorze anos no Quênia, descobri que os babuínos de Amboseli eram muito ligados entre si, inteligentes e estratégicos em suas ações e dispostos a defender aliados e amigos. Entretanto, ao ler relatos publicados e conversar com outros primatologistas, fui forçada a concluir que poucas evidências de luto de macacos surgiram unicamente da observação.

Na verdade, o relato de Fashing e seus colaboradores contém passagens descritivas que só aumentam meu senso de cautela quanto à conclusão de que os macacos ficam de luto. Duas geladas – uma dupla de mãe e filha, chamadas Tesla e Tussock – morreram em abril de 2010. Tesla, a mãe, estava seriamente enfraquecida por uma doença decorrente de uma infecção parasitária. Durante o período de sua doença, duas fêmeas mais jovens a ajudaram a carregar Tussock, sua filha de sete meses. Mas quando Tesla ficou doente demais para deixar o penhasco onde o grupo dormia, os outros geladas partiram para procurar comida sem ela. Aos poucos, Tesla e Tussock conseguiram se afastar para um lugar que ficava a cento e setenta e cinco metros do local onde dormiam. Quando o grupo voltou ao penhasco, naquela noite, a nova posição de Tesla e Tussock não lhe seria visível. Nenhum dos geladas aparentou sentir preocupação pelas colegas desaparecidas, e nenhum deles procurou por elas. Na manhã seguinte, a equipe de primatologia encontrou Tesla morta. Agora totalmente sozinha, Tussock passou o dia junto ao corpo da mãe "gritando melancolicamente e balançando-se de um lado para o outro". Na manhã seguinte, também foi encontrada morta.

Parece-me provável que Tussock tenha sentido a morte da mãe. Como ela poderia não ter sentido medo, deixada sozinha no frio, fora da rede de proteção de seu grupo e com a mãe caída inerte e sem reação? Se ela sentiu a dor da perda, sofreu-a sozinha. Quando perguntei a Tyler Barry, um dos primatólogos de Guassa na época desses acontecimentos, qual era sua interpretação do que Tussock poderia ter sentido, ele disse: "Eu não me sentiria confortável argumentando que Tussock estava sentindo tristeza enquanto gritava e se balançava. Tenho quase certeza de que, àquela altura, ela estava há quase dois dias sem leite e, provavelmente, desidratada e a ponto de morrer de fome. Estou certo de que, no fim das contas, foi o frio que a matou, e também pode ter sido o que a levou a se balançar."

Barry confirmou que a localização de Tesla e Tussock distante do penhasco fez com que o sofrimento delas não fosse notado pelo grupo. "Houve um grupo de solteiros que deu uma olhada no corpo morto de Tesla na manhã do segundo dia", recordou ele, "mas elas estavam longe demais do lugar de dormir normal para que o bando principal pudesse até mesmo ouvir Tussock." Então, os machos geladas que não eram companheiros regulares de Tesla demonstraram uma breve reação de curiosidade por seu corpo, mas os macacos que poderiam ter sentido sua morte estavam longe demais.

Se, nos macacos, é o sentimento de luto que está presente no ato maternal de carregar o cadáver, ou na vigília solitária do filhote ao lado da mãe morta, não podemos saber apenas pela observação. Até agora, a hipótese nula – que não prevê grande dispêndio de energia no luto por macacos selvagens – continua a ser considerável.

Os primatológos Dorothy L. Cheney e Robert M. Seyfarth, que estão entre os maiores especialistas do mundo em comportamento de macacos selvagens, observam uma visível ausência de luto entre macacos em seu livro *Baboon Metaphysics*. Quando macacos carregam os corpos de filhotes que estão morrendo, dizem eles, os tratam da mesma maneira que tratam seus filhotes saudáveis. Cheney e Seyfarth inseriram essa observação num contexto mais amplo. Os macacos não compartilham comida com companheiros doentes, nem se dispõem a ajudar membros idosos ou incapacitados do grupo. Segundo os pesquisadores, as mães babuínas, especificamente, "costumam demonstrar uma surpreendente falta de preocupação com a ansiedade e a aflição de seus filhotes durante travessias na água e em outros momentos de separação".

Quando mães carregam não um filhote que está morrendo, mas um filhote já morto, outros babuínos demonstram interesse, como já vimos com outros macacos – mas um interesse de natureza limitada. "Na mente de outros membros do grupo", escrevem Cheney e Seyfarth, "o *status* do filhote parece mudar logo depois que ele morre: eles param de tratá-lo como um filhote." Os babuínos inspecionam o cadáver, mas nunca lhe dirigem a vocalização de grunhido como fariam se o filhote estivesse vivo. Eles não tentam arrancar o cadáver da mãe. O mais interessante é que, se a mãe põe o cadáver no chão e afasta-se, um parente próximo ou um amigo macho pode vigiar o bebê até ela voltar. Se cientistas se aproximam do cadáver para obter uma amostra de DNA, membros do grupo podem ameaçá-los. Cheney e Seyfarth concluem que a resposta dos babuínos não é uma expressão de luto ou empatia, mas sim uma resposta organizada em torno da posse – a ideia de que o filhote já pertenceu, e na verdade ainda pertence, a uma fêmea específica e ao grupo social como um todo.

O que acontece quando acrescentamos medições fisiológicas à observação direta? Cheney e Seyfarth realizaram sua longa pesquisa sobre babuínos no delta do Okavango, na Reserva de Animais Selvagens de Moremi, em Botsuana; um estudo feito sob a supervisão deles acrescenta alguns aspectos bioquímicos à questão do luto dos macacos. Assim como os babuínos de Amboseli, os babuínos de Okavango vivem em grupos de muitos machos e muitas fêmeas, e as fêmeas aparentadas organizam-se em grupos fechados chamados matrilinhas. Avós, mães, filhas, tias, sobrinhas e filhos e sobrinhos jovens passam seu tempo bem próximos, em meio a cuidados e alianças sociais. Na puberdade, os machos passam para outro grupo. Esse padrão sugere que, em qualquer grupo, os machos adultos tendem a ser estranhos entre si, diferentemente das fêmeas adultas aparentadas.

No grupo de Okavango, assim como em Amboseli, a predação é elevada. Num período de dezesseis meses, de 2003 a 2004, registrou-se a morte de vinte e seis babuínos. Todos, menos três, eram animais saudáveis. Por meio da observação direta dos ataques feita por pesquisadores, ou pela presença do corpo, soube-se que dez foram mortos por predadores; por se terem avistado predadores ou devido aos chamados de alerta vocalizados pelos macacos, suspeita-se que os treze restantes tenham tido o mesmo destino.

Vivendo em meio a esse tipo de perigo, os babuínos de Okavango tornam-se estressados, e esse estresse se reflete em seus organismos. A pesquisadora Anne L. Engh e seus colegas coletaram material fecal de babuínos fêmeas a fim de medir os níveis do hormônio glicocorticoide (GC), um tipo de hormônio do estresse que circula no corpo e depois é excretado nos dejetos corporais. Os pesquisadores verificaram que, nas quatro semanas posteriores a um evento de predação no grupo, os níveis de GC nas fêmeas aumentavam sensivelmente. Essa descoberta faz sentido, intuitivamente. Imagine testemunhar um leão ou um leopardo avançando sobre nosso círculo de familiares e amigos e matando um deles. Os hormônios do estresse também aumentam em nossos corpos em tais circunstâncias.

Investigando mais, a equipe de pesquisa descobriu a assinatura química do luto nos babuínos. Os níveis de GC de vinte e duas fêmeas ("fêmeas afetadas") que haviam perdido um parente próximo para predadores foram comparados com os de um grupo de controle formado por fêmeas que não haviam experimentado essa perda. As fêmeas afetadas apresentaram níveis de GC significativamente mais elevados. Engh e seus colaboradores enfatizam que, embora os ataques de predadores tenham sido testemunhados por muitas fêmeas adultas do grupo, somente as fêmeas "enlutadas" mostraram aumentos significativos de GC.

Os níveis elevados de estresse das macacas enlutadas só duraram quatro semanas talvez porque as fêmeas logo começaram a aumentar o número de parceiros com os quais se limpavam e a frequência dessas limpezas. Em macacos, limpar um parceiro e ser limpo por ele é uma atividade social tão reconfortante quanto higiênica. Como explicam Engh e seus colaboradores, "as fêmeas enlutadas tentaram lidar com suas perdas ampliando sua rede social". Embora seja precipitado fazer comparações fáceis entre macacos e humanos, não consigo deixar de pensar na pessoa que, depois de sofrer com a morte de um ente querido, aos poucos aproxima-se de novos amigos potenciais na comunidade, na igreja ou no local de trabalho.

Também fiquei impressionada com a disposição do grupo de pesquisa de Engh para usar a palavra "enlutado" em sua publicação científica. Este foi o primeiro indicador claro do luto de macacos com que me deparei, e a abordagem foi inteiramente em termos de fisiologia, e não baseada em um comportamento social que indicasse o luto. Mas quando perguntei a Engh se algumas fêmeas de babuíno de Okavango haviam mostrado sinais de luto, soube de algo que não fora mencionado no artigo publicado. Engh compartilhou suas lembranças sobre Sylvia e sua filha adulta Sierra, duas babuínas que eram próximas de maneira incomum. "Elas limpavam uma a outra quase exclusivamente", contou-me Engh, "e passavam muito tempo juntas." Até que Sierra foi morta por um leão. Para Engh, Sylvia parecia deprimida; ficava isolada e não iniciava interações sociais. Isso continuou por uma semana ou duas. "Sylvia tinha uma posição elevada e era intimidadora", diz Engh, "portanto, não parecia incomum que outras fêmeas não se aproximassem dela, mas fiquei surpresa por ela não ter nenhum interesse aparente em interagir com qualquer uma delas." Na verdade, foi, antes de mais nada, o comportamento de Sylvia que levou Engh a iniciar o estudo de GC. Sylvia era próxima de sua filha, e, quando essa proximidade lhe foi roubada pela morte, isso a fez sofrer. Como é padrão entre as macacas, o comportamento alterado de Sylvia durou apenas algumas semanas. Depois ela ampliou seu círculo social, fazendo amizade com outras fêmeas.

Um lugar óbvio para procurar o luto é entre mamíferos que, diferentemente de símios do gênero Macaca, geladas ou babuínos de Okavango, organizam-se em duplas com vínculos de par. Entre pássaros, o vínculo de par é rotineiro, mas apenas 5% dos mamíferos o formam. Uma exceção é um roedor chamado arganaz-do-campo, e um trabalho científico sobre as bases biológica e emocional do vínculo de par dos arganazes-do-campo pode nos ajudar a pensar sobre o luto dos macacos.

Num trabalho experimental publicado em 2008, Oliver J. Bosch e seus colaboradores decidiram descobrir como até mesmo uma curta separação de um parceiro acasalado afetava os arganazes-do-campo machos. Os pesquisadores levaram os machos a fazer par com fêmeas que nunca haviam visto antes ou com irmãos machos que não haviam encontrado desde seu desmame (um período de quarenta e nove a setenta e nove dias). Depois de ficarem cinco dias juntos, metade desses pares foi separada.

Todos os machos foram, então, submetidos a testes de estresse, incluindo o chamado teste do nado forçado, quando o arganaz é obrigado a permanecer cinco minutos na água, dentro de um bécher de vidro; o teste de suspensão do rabo, em que o arganaz fica cinco minutos pendurado numa vara pelo rabo, preso com fita adesiva; e o teste do labirinto elevado, em que se avalia o medo inerente dos arganazes aos espaços expostos, também durante cinco minutos. Em dois desses testes, os machos que haviam sido separados de seus parceiros mostraram um aumento dos níveis do que se chama *coping* passivo ("lidar com o estresse passivo"). No teste de nado forçado, eles tenderam mais a flutuar do que debater ou nadar, e no de suspensão pelo rabo, eles ficaram passivamente pendurados. O efeito foi específico dos machos separados de fêmeas, em oposição aos machos que faziam par com irmãos ou que haviam sido mantidos isolados. O que é importante aqui é a especificidade do efeito: ela demonstra que é o vínculo de par o que mais importa, emocionalmente, para esses arganazes.

Além disso, esses cientistas verificaram que as respostas de estresse foram mediadas pelo que é chamado de sistema do FLC (fator de liberação de corticotropina). Os níveis de FLC – que, acredita-se, atua como mediador da ansiedade e da depressão – subiram nos machos separados de seus parceiros. Esse efeito de melhora pode parecer bom para os estressados machos, mas a ansiedade e a depressão poderiam ser, de algum modo, adaptativas? O colaborador de Bosch, Larry Young, explicou-me que, quando os receptores de FLC foram experimentalmente bloqueados, os arganazes não mostraram comportamentos depressivos. Assim, Young acredita que todo o sistema é adaptativo para os arganazes: "O estado negativo produzido pela separação do parceiro", contou-me ele, "serve para direcionar o macho de volta ao seu parceiro, mantendo o vínculo de par."

Eu experimentei minha própria resposta emocional ao ler sobre essas experiências. Cinco minutos – tempo durante o qual um macho era forçado a nadar ou a ficar pendurado pelo rabo – não é uma eternidade, mas, ainda assim, comecei a desejar ter participado da comissão de assistência aos animais que aprovou esses testes. Então, eu li mais. Na busca de respostas para as questões do receptor de FLC, vários arganazes tinham sido decapitados. Embora essas experiências não tenham violado qualquer política ética institucional, elas me fizeram parar por um bom tempo para avaliar o preço que pagam os animais por nossas investigações invasivas sobre sua emoção (em contraposição a observação de comportamento ou análise, por exemplo, de material fecal). Bosch e seus colaboradores acreditam que seu trabalho com os arganazes – tanto no que se refere aos componentes comportamentais quanto aos bioquímicos – pode esclarecer a expressão do luto humano. Essa esperança pode ser concretizada. Mas talvez os próprios arganazes experimentem o luto e a perda quando um parceiro morre. Não parece que essa questão tenha sido levantada.

Vamos voltar aos macacos. Nenhum de nossos parentes mais próximos – os grandes macacos (chimpanzés, bonobos, gorilas e orangotangos) – formam casais para criar seus filhotes. Como já foi mencionado, é o que acontece com a maioria dos mamíferos. Mas os chamados macacos menores – gibões e siamangs – formam esse tipo de vínculo, assim como alguns macaquinhos, incluindo titis, macacos-da-noite, micos e saguis.

Mesmo no contexto da monogamia dos macaquinhos, a emoção não tem sido bem estudada. No que diz respeito aos macacos titis sul-americanos, machos e fêmeas formam vínculos para a vida inteira. Quando um casal é forçado por cientistas a se separar em laboratório, os animais mostram sua aflição por meio de um comportamento agitado, e seus níveis de cortisol plasmático aumentam. Num estudo comparativo de Sally Mendoza e William Mason, macacos-esquilos submetidos da mesma maneira à separação entre macho e fêmea não mostraram quaisquer mudanças comportamentais ou fisiológicas comparáveis, presumivelmente porque eles não são monógamos como os titis. Em outras palavras, o vínculo de par nos macacos titis não é apenas uma questão de pura sobrevivência e sucesso reprodutivo – os macaquinhos se importam uns com os outros.

A mesma pergunta vem à mente no que tange tanto a macacos quanto a arganazes: como podemos nos afastar de descobertas em laboratório que se apoiam fortemente em química sanguínea e medições básicas de aflição comportamental para compreender melhor o que os sobreviventes de um vínculo de par desfeito experimentam? Um arquivo em vídeo ajuda a responder a essa pergunta, e seu ponto forte são registros filmados na época da morte de um macaco, focando no parceiro sobrevivente e em outros membros da família. Dessa maneira, os cientistas puderam fazer comparações apuradas, cruzando comportamentos monógamos e não monógamos, de macacos cativos *versus* selvagens.

Eventos raros na vida de macaquinhos monógamos podem ser difíceis de filmar em ambiente selvagem. Essas espécies são predominantemente arborícolas e, como observou a mim a pesquisadora Karen Bales, por causa de sua movimentação entre as árvores, pode ser simplesmente difícil demais, para as mães, carregar um filhote morto ou, para um macaquinho, ficar próximo a um membro morto do grupo. Em cativeiro, é mais fácil filmar essas ocorrências. Presumo que as respostas de luto ocorram em alguns sobreviventes com vínculo par em cativeiro, mas é extremamente necessário testar essa hipótese.

Na DuMond Conservancy, em Miami, os macacos-da-noite Betsy e Peanut viveram dezoito anos juntos como parceiros com vínculo de par. Peanut, que nascera em ambiente selvagem no Peru, fora enviado a laboratórios de pesquisa norte-americanos como cobaia, mas depois de alguns anos e uma doença séria, teve permissão para se aposentar na Conservancy. De início, era tímido na presença de outros de sua espécie. Até que conheceu Betsy. A primatologista Sian Evans observa que, mesmo para macacos-da-noite, "Peanut e Betsy eram vinculados de maneira incomumente forte. Eles tiveram vários filhotes e Peanut era um pai dedicado, carregando todos eles e cuidando deles."

Em 2012, Peanut começou a ficar fraco. Ainda procurava insetos à noite ao lado de Betsy (os macacos-da-noite são os únicos macaquinhos noturnos), mas seus movimentos indicavam seu estado frágil e ele acabou adoecendo. Quando as tentativas de tratá-lo fracassaram, a equipe da Conservancy o levou de volta para seu cercado, onde ele pôde viver suas últimas horas com Betsy. E, como sempre, Betsy foi uma parceira atenciosa. Ela o amparou e o acariciou com o nariz até ele morrer.

Sem Peanut, Betsy começou, imediatamente, a se comportar de maneira diferente. Pela primeira vez, saiu para procurar comida e interagiu espontaneamente, de maneira amistosa, com Evans, que cuidava dela. Antes, contou-me a primatóloga, Betsy a via como uma concorrente, como agem as macacas-da-noite em relação a fêmeas humanas. Mas, como Peanut se fora, houve uma mudança de comportamento. Evans sentiu a morte de Peanut também, encontrando conforto na companhia de Betsy. Evans diz que não pode saber o que Betsy sentiu, e não se sente confortável para chamar sua resposta de "luto". Ela prefere se referir a isso como uma "reação à perda", como uma espécie de mudança no vínculo entre espécies que ocorreu como resultado da ausência de seu parceiro.

Então, será que os macacos ficam de luto? Em geral, não, pelo menos não de uma maneira visível para nós. Essa conclusão é válida mesmo em alguns casos em que, de uma perspectiva antropomórfica, parece que eles "deveriam" sentir o luto – como no caso das mães que carregam os cadáveres de seus filhotes durante meses, ou quando a macaca-da-noite Betsy perdeu seu parceiro por dezoito anos. Mas alguns macacos sentem a dor da perda, como nos indica a descrição da babuína Sylvia feita pela primatologista Engh. Para uma conclusão mais robusta, é preciso complementar os perfis estatísticos ou fisiológicos com descrições vívidas de respostas comportamentais dos macacos à morte.

7 CHIMPANZÉS,
CRUÉIS PARA SEREM GENTIS

Como primeiro "astrochimpanzé" do mundo, o chimpanzé Ham voou num foguete ao espaço exterior em 1961. Capturado em Camarões, no oeste da África, levado para os Estados Unidos e assim batizado em homenagem ao Holloman Aerospace Medical Center, Ham voou a duzentos e cinquenta quilômetros de altura, a oito mil quilômetros por hora, por conta do programa espacial americano. Dentro da cápsula Mercury, Ham realizou as tarefas para as quais havia sido treinado; quando luzes piscavam, ele puxava alavancas em resposta, demonstrando que os efeitos da viagem espacial não prejudicavam a capacidade de pensar de um primata. Ham abriu assim caminho para o envio de seres humanos ao espaço.

Poucas preocupações éticas foram levantadas na época, há mais de meio século, sobre submeter um macaco a esse tipo de estresse. Em retrospecto, esse desinteresse parece indiferença, principalmente ao se considerarem os registros anteriores sobre segurança nos lançamentos de primatas ao espaço. Um macaco chamado Albert I morreu sufocado durante seu voo, em 1948; no ano seguinte, Albert II pereceu quando o paraquedas da cápsula não abriu em sua volta à Terra. Albert III morreu quando seu foguete explodiu a dez mil metros de altura, e Albert IV foi morto no impacto decorrente de mais uma falha de paraquedas.

Há algo de sinistro nessa sequência de nomes clonados, uma sensação de que, um após o outro, os macacos foram enviados para a morte sem qualquer preocupação com as vidas arriscadas e perdidas. Na verdade, só foi dado um nome ao chimpanzé Ham depois de ele retornar em segurança à Terra, devido ao temor de que seus colegas humanos do programa espacial ficassem apegados demais a ele. Nos anos subsequentes, depois dos quatro Albert mortos, os registros sobre a sobrevivência de macacos melhoraram. Em 1958, porém, um macaco morreu porque não conseguiram localizar sua cápsula depois de ter mergulhado no Atlântico.

A cobertura do voo bem-sucedido de Ham pela BBC em 31 de janeiro de 1961 reflete o clima festivo do dia, mesmo quando o repórter descreve os resultados inesperados da missão da Mercury:

> "Devido a uma ascensão mais empinada do que o esperado, a cápsula ultrapassou um pouco seu local de aterrissagem no Atlântico, na Flórida. Ham teve uma espera desconfortável de três horas até ser encontrado. Quando os helicópteros de resgate chegaram, encontraram a cápsula virada para um lado e afundando. Ela aterrissara com tanta força que o escudo térmico abriu dois buracos na cápsula. Ham, porém, lidou com tudo isso de maneira calma e, quando a espaçonave foi aberta, aceitou uma maçã e metade de uma laranja como recompensa."

Jane Goodall, em 1961, já começara a observar chimpanzés selvagens na Tanzânia. Mas o mundo ainda não sabia sobre os vínculos familiares profundos dos chimpanzés, sobre sua inteligente fabricação e uso de ferramentas, e sobre sua capacidade emocional para o amor e o luto. Fazendo um retrospecto, e considerando o que se sabe hoje, podemos apenas nos perguntar: será que Ham aceitou tudo com calma? Ou ficou aterrorizado, tanto pelo calor intenso quanto por ter ficado três horas balançando no oceano, abandonado, sem saber o que aconteceria em seguida? A imagem é difícil de se assimilar: Ham sozinho na cápsula, sem qualquer outro ser para sentir empatia por ele e confortá-lo durante o que só pode ter sido uma experiência realmente assustadora.

Muitos anos depois, no National Zoological Park, em Washington, Ham reagia a Melanie Bond, uma funcionária que cuidava de macacos, de um modo que ela interpretava como sendo de empatia e conforto. O chimpanzé estava aposentado do programa espacial e voltara à vida no zoológico; durante longos dezessete anos, viveu na capital do país como único chimpanzé residente do zoológico. (Seus últimos anos, felizmente, foram passados, para sua aparente satisfação, com outros chimpanzés no zoológico da Carolina do Norte.)

Nas décadas seguintes, Melanie Bond passaria incontáveis horas cuidando de grandes macacos, tanto no zoológico quanto no santuário Center for Great Apes, na Flórida, desenvolvendo uma afinidade particularmente profunda com os orangotangos. Mas na época do incidente com Ham, ela era relativamente uma novata no zoo. A primeira ligação profunda que Melanie desenvolveu com um macaco foi com o orangotango Archie. Um dia, sua tarefa era ajudar no exame físico de rotina de Archie; para isso, ele recebera um remédio imobilizante em sua jaula. Durante o exame, Archie parou de respirar. O veterinário do zoológico, Dr. Mitchell Bush, fez um esforço heroico para trazê-lo de volta. Durante quarenta e cinco minutos, Dr. Bush comprimiu o peito de Archie, fazendo uma reanimação cardiorrespiratória com tanto vigor que o esterno de Archie quebrou. Por fim, todos os que estavam presentes ao lado do orangotango foram obrigados a aceitar que ele morrera.

Enquanto Melanie se afastava, passando por uma "fila" de macacos engaiolados que podiam vê-la claramente, ela chorava por Archie. Lembra-se de ter sido um choro calmo – nada escandaloso, apenas lágrimas que não conseguiu conter. Melanie viu que Ham a observava e disse em voz alta para ele, "Sim, Ham, estou muito triste." Movendo-se lenta e delicadamente, Ham estendeu um dedo grosso entre as barras da jaula e tocou uma única lágrima no rosto de Melanie. Em seguida, ele cheirou e provou a lágrima. "Eu senti empatia", lembra-se Melanie. "Eu senti, 'alguém entende'."

O que diriam os céticos? Que Melanie projetou sua necessidade de conforto nas ações de um chimpanzé? É claro, eles poderiam admitir que Ham era um macaco inteligente e ficara curioso com o choro de Melanie. Foi essa curiosidade que motivou suas ações, e não alguma ressonância emocional do estado de espírito de Melanie, nem qualquer desejo de consolar uma amiga. Imputar tal ressonância e vontade a um chimpanzé é dar margem a pensamentos ilusórios sobre semelhanças emocionais entre humanos e macacos.

Para sustentar esse ponto de vista cético, filmes de chimpanzés em ambientes selvagens raramente incluem cenas que refletem a delicadeza exibida por Ham. A icônica fotografia de um macaco selvagem tirada em Gombe, local da pesquisa de Jane Goodall, na Tanzânia, mostra um macaco fazendo de uma vara uma ferramenta que ele insere numa casa de cupim para retirar um petisco proteico. Mas a câmera de vídeo move-se e mostra surtos de agressão, demonstrações de excitação de chimpanzés exaltados. Esses registros levam a descrições de brutalidade, como no caso de um ataque filmado e narrado pelo antropólogo David Watts, da Universidade de Yale. Watts observou o evento na comunidade de chimpanzés de Ngogo, no Parque Nacional de Kibale, em Uganda. Na principal parte da filmagem de Watt, um grupo de chimpanzés machos é visto cercando e começando a chutar e morder um macho chamado Grapelli. Lançando-se contra a figura encolhida, os machos infligem ferimentos tão sérios que Grapelli morreria três dias depois.

A ação do grupo de chimpanzés machos pode nos parecer chocante e nos deixar tentados a rotular toda a espécie como violenta. Afinal de contas, houve ataques em outras populações de chimpanzés também, e diferem consideravelmente dos comportamentos de caça que ocorrem quando os chimpanzés capturam e consomem macacos-colobos. A predação é uma parte natural de todo ecossistema, uma maneira de os animais agirem para se sustentar. No Quênia, quando eu voltava para minha casa depois de seguir babuínos o dia inteiro no mato, muitas vezes eu ouvia rugidos de leões pela janela de tela aberta de meu quarto. Eu era assombrada pelo pensamento de que zebras, antílopes e gnus estavam, lá fora, na savana, à mercê de grandes felinos. Os leões comiam "meus" babuínos também, mas a um grito de alerta diante da visão de uma figura castanho-amarelada à espreita, os macacos espalhavam-se pelo alto das árvores, com pelo menos alguma esperança de escapar. Nem todo macaco fazia isso, mas o refúgio arbóreo existia para eles. O mesmo não se pode dizer dos herbívoros, que podiam correr, mas nunca se esconder. Para eles, não havia nenhuma árvore, nenhuma toca, nenhum esconderijo na água.

Mesmo assim, quando um leão derruba uma zebra, ou quando uma raposa agarra um coelho, esses predadores não são taxados de violentos. Mas e os chimpanzés de Ngogo filmados por Watts? Eles são mostrados arquitetando, com grande desembaraço, o final horrível de um deles próprios; Grapelli pertencia não apenas à mesma espécie, mas também à mesma comunidade dos atacantes.

Watts descreve a resposta empática de um dos machos que se recusou a participar do ataque conjunto e permaneceu perto de Grapelli tanto quanto pôde. A grande maioria dos machos, porém, não mostrou essa piedade – e, certamente, nada parecido com a delicadeza exibida por Ham para com sua amiga humana no National Zoo. Será que, no caso de Ham, o chimpanzé que havia nele se esvaíra depois que o roubaram de seu lar camaronês? Após tanto tempo submetido à pressão das necessidades humanas – primeiramente como cobaia do programa espacial e mais tarde como objeto de entretenimento para os visitantes do zoológico –, será que Ham se tornou apenas um pálido reflexo de um chimpanzé selvagem?

É fácil ficar chocado com a imagem da agressão ao chimpanzé que descrevi aqui, mas os chimpanzés selvagens também têm outro lado, um lado que nos aproxima muito mais de Ham. A expressão do luto dos chimpanzés, tanto na natureza quanto em cativeiro, tem complicado a imagem do que é tido como "natural" para os chimpanzés. Possivelmente, o exemplo mais famoso de luto no mundo animal, ocorrido em 1972, foi a perda da vontade de viver do jovem chimpanzé Flint após a morte de sua mãe, Flo.

Em Gombe, Flint desfrutava de toda a atenção de sua mãe bem depois de sua infância. Sua irmã mais nova, Flame – o último filhote de Flo –, morrera, deixando-o como centro emocional da velhice de sua mãe. Como escreve Goodall em *In the Shadow of Man*, exceto pela amamentação (porque o leite de Flo secara), "Flint tornou-se novamente o bebê de Flo. Ela dividia a comida com ele; permitia que ele subisse em seu dorso ou mesmo que se agarrasse de vez em quando à sua barriga. Ela cuidava dele constantemente e, ao ficar velha, acolhia-o em sua cama à noite". Esses padrões de comportamento persistiram até Flint ter mais de seis anos de idade, e mesmo depois disso mãe e filho permaneceram anormalmente próximos. Flo morreu quando Flint tinha oito anos, e ele não estava preparado para lidar com isso. Numa passagem de um livro posterior de Goodall, *Uma janela para a vida*, vislumbramos a profundidade da perda de Flint: "A última vez que o vi com vida, ele estava com olhos encovados, esquelético e completamente deprimido, encolhido na vegetação próxima ao lugar onde Flo morrera... A última viagem curta que ele fez, parando para descansar de poucos em poucos metros, foi ao próprio lugar onde o corpo de Flo descansara." Apenas três semanas depois da morte de sua mãe, Flint também morreu, de causas que Goodall atribui de maneira taxativa à depressão e ao subsequente enfraquecimento de seu sistema imunológico.

Quando a situação é inversa – quando, contrariando o padrão natural, a chimpanzé mãe perde seu filhote amado – essa perda também pode ser sentida de maneira aguda. Assim como fazem as mães macaquinhas selvagens, as mães chimpanzés às vezes carregam seus bebês depois que eles morrem. E, de vez em quando, assim como as mães macaquinhas, uma mãe chimpanzé parece ser incapaz de parar de carregar o cadáver, embora o corpo esteja apodrecendo em suas mãos.

Nos chimpanzés, os laços emocionais entre mães e filhotes podem ser intensos. Na natureza, os bebês de grandes macacos mamam e se locomovem agarrados à mãe durante quatro anos ou mais. Quando esses bebês morrem, podem ainda continuar agarrados ao corpo da mãe, simplesmente porque esta se recusa a se separar deles. Em Bossou, em Guiné, país do oeste africano, uma epidemia respiratória assolou a comunidade de chimpanzés em 2003; dois filhotes de três anos, Jimato e Vene, estavam entre as vítimas. Suas mães, Jire e Vuavua, carregaram seus corpos durante sessenta e oito e dezenove dias, respectivamente. Considero impressionante o comprometimento de sessenta e oito dias de Jire; pense no fardo de carregar esse pequeno cadáver durante um verão inteiro, de 4 de julho até o Dia do Trabalho no hemisfério norte (primeira segunda-feira de setembro) e um pouco mais além.

CHIMPANZÉS SELVAGENS EM UGANDA: MACHO ALFA NICK, A FÊMEA KALEMA E SEU FILHO DE CINCO ANOS. FOTO DE LIRAN SAMUNI.

Os dezenove dias nos quais Vuavua carregou seu filhote, como se vê, foram superados pelo período mais longo de Jire. Será que uma das mães passou pela outra na floresta, olhou em seus olhos e reconheceu uma perda compartilhada? Será que cada uma relembrou momentos em que seu filhote estava vivo, mamando junto a seu corpo? Entremeada nesses pensamentos sentimentais existe uma realidade impiedosa. As mães devem ter experimentado visões e cheiros terríveis, a julgar por um relato da primatologista Dora Biro e de seus colegas. Os corpos dos filhotes ficaram mumificados, assim como aconteceu com os cadáveres de filhotes de macaquinhos mencionados no capítulo anterior: o pelo foi perdido, mas os membros e outras partes do corpo tornaram-se coriáceos. "Devido aos efeitos do desgaste do transporte prolongado", escreveram os pesquisadores, "quando Jire abandonou o corpo de Jimato, grande parte da estrutura cranial do corpo havia sido destruída, tornando a maioria dos traços faciais irreconhecível."

As mães afugentaram moscas, e até limparam os corpos de seus bebês. Às vezes, chimpanzés filhotes e jovens tinham permissão para apanhar o corpo e carregá-lo de maneira brincalhona. Será que essas ações significam que as mães continuaram a carregar os corpos porque não eram capazes de perceber que os filhotes haviam morrido? Duvido disso. Em primeiro lugar, as técnicas de carregar utilizadas pelas mães eram muito diferentes daquelas usadas normalmente para filhotes saudáveis. Além disso, os chimpanzés são capazes de ter um raciocínio complexo, pensando estrategicamente, passo a passo, em como resolver problemas de coleta de alimento com ferramentas, ou desafios sociais com uma hábil manipulação de aliados. Embora seja impossível provar que os chimpanzés entendam alguma coisa sobre a morte, para mim é igualmente impossível pensar que mães chimpanzés possam achar que seus bebês mortos – sem respirar, sem sentir e apodrecendo – estejam vivos.

Jire e Vuavua são fêmeas, é claro. A brutalidade que descrevi anteriormente contra Grapelli, na comunidade de Ngogo, foi orquestrada por machos. Além do comportamento de jovens como Flint, será que existe um lugar para a sensibilidade à morte entre os chimpanzés machos que vivem na natureza, uma delicadeza semelhante à que foi expressa por Ham em cativeiro?

Na primeira análise científica sobre morte de primatas publicada, James R. Anderson descreve um evento ocorrido na Costa do Marfim, no oeste da África, em 1989:

> "Na Floresta Tai, um ataque fatal de um leopardo a uma chimpanzé adolescente provocou uma explosão de gritos e demonstrações agressivas de machos, que de início arrastaram o corpo por curtas distâncias... Contatos com o corpo foram frequentes, incluindo o ato de limpá-lo e de sacudi-lo levemente. Curiosamente, os filhotes foram impedidos de se aproximar do corpo. Depois de várias horas, o cadáver foi abandonado."

Em essência, o resumo de Anderson é preciso. Mas lhe falta a nuança – na verdade, o significado – do que aconteceu naquele dia em Tai. O relato seletivo do pesquisador lembra uma situação que observei no capítulo 6. Lá eu citei um artigo de Anne Engh e seus colaboradores que relatava um pico hormonal em babuínas enlutadas em comparação a outros babuínos. Dedicado a resultados estatísticos, o artigo não incluía qualquer observação sobre o luto entre os macacos. Sua gênese, porém, foi o testemunho de Engh quanto aos sintomas de luto numa fêmea cuja filha fora morta por um predador. A literatura científica revisada por pares – incluindo os artigos de Engh e Anderson – favorece resultados estatísticos e resumos simples em detrimento de passagens descritivas. Mas é nos detalhes descritivos que surge a topografia do luto animal.

É precisamente esse necessário detalhe que encontramos em *The Chimpanzees of Tai Forest*, dos primatologistas Christophe Boesch e Hedwige Boesch-Achermann. É ali que a história resumida por Anderson é apresentada inteira, e a narrativa sugere fortemente que mesmo os chimpanzés machos adultos podem responder à morte de um companheiro com pensamentos e compaixão. Na floresta, a chimpanzé Tina foi encontrada morta por Gregoire Nohon, assistente de campo em Tai. Vísceras saíam de seu ventre. Mais tarde, a autópsia revelou que Tina morrera por uma mordida de leopardo na altura da segunda vértebra cervical (pescoço). Quatro meses antes, a mãe de Tina também morrera. Desde então, Tina e seu irmão pequeno, Tarzan, de cinco anos, viajavam com Brutus, o macho alfa da comunidade. Pelo que puderam ver das ações de Tarzan, Boesch e Boesch-Achermann concluíram que ele desejava ser adotado por Brutus. Às vezes, eles chegavam a compartilhar o abrigo noturno. Só depois da descoberta do corpo de Tina esses dois cientistas perceberam o quão fortes eram os laços do trio Tina, Tarzan e Brutus.

Os Boesch encontraram uma dúzia de chimpanzés – seis fêmeas e seis machos – sentados em silêncio em torno do corpo. Ao longo das horas seguintes, alguns machos bastante agitados fizeram exibições perto do corpo. Alguns tocaram em Tina. Durante um período de oitenta minutos, os machos Ulysse, Macho e Brutus limparam o corpo. Ulysse e Macho não haviam sido vistos limpando Tina quando ela estava viva; outros machos da comunidade a haviam limpado apenas por breves períodos. Ali, portanto, estava um comportamento novo e inesperado. Além disso, alguns chimpanzés sacudiram levemente o corpo morto, como se tentassem resolver o enigma de sua imobilidade.

Outros chimpanzés brincaram juntos delicadamente perto do corpo. Fazer uma brincadeira perto de uma companheira morta pode parecer estranho, mas quantos de nós já participamos de piadas e risadas durante as longas horas de um velório ou funeral? A vontade de brincar verbalmente pode ser uma maneira natural de lembrar os momentos felizes passados com aquele ser agora falecido, ou pode representar uma descarga de energia nervosa num momento emocionalmente desgastante. Na verdade, os Boesch acham que talvez os chimpanzés precisassem expulsar a tensão causada pela morte violenta de Tina, e que brincar e até rir perto do cadáver lhes propiciou isso.

Mais ou menos duas horas e meia depois da descoberta do corpo de Tina, Tarzan aproximou-se de sua irmã. A essa altura, outros chimpanzés jovens haviam sido afugentados por Brutus, que agia como uma espécie de guardião do corpo. "Tarzan cheirou levemente diferentes partes do corpo", relataram os pesquisadores, "e inspecionou a genitália dela. Foi o único jovem que teve permissão para fazer isso." Tarzan limpou sua irmã e puxou a mão dela. Enquanto essa cena acontecia, Brutus afastou da área Xeres e Xindra, um par de mãe e filha.

O fato de Tarzan ter passado algum tempo com sua irmã, diferentemente dos demais jovens e até mesmo de alguns adultos, não foi por acaso. Brutus fez com que isso acontecesse. Chimpanzé esperto, ele tinha um papel-chave na comunidade de Tai, particularmente como caçador. Em Tai, os machos colaboram entre si para caçar macaquinhos. Os "movimentos" necessários para uma captura bem-sucedida na floresta espessa exigem anos de aprendizado, especialmente porque muitos machos trabalham estrategicamente juntos, dando passos conscientes e específicos para ajudar uns aos outros, em vez de agirem "cada um por si" esperando um bom resultado. O domínio completo das habilidades de caça pelos chimpanzés de Tai demora vinte anos para ser alcançado, e as habilidades complexas exigem outros dez.

Brutus era a estrela entre os caçadores. Durante o período de observação destacado pelos Boesch em seu livro, ele foi o melhor provedor de carne da comunidade. Seus feitos cognitivos não foram igualados por nenhum outro macho, principalmente em seu desempenho no que é chamado de caçada de dupla antecipação. Em diversas ocasiões, Brutus calculou mentalmente os movimentos iminentes não apenas de sua presa, um macaquinho, mas também dos outros chimpanzés participantes da caçada. Ao prever as ações deles, Brutus mostrou que podia refletir sobre o estado mental dos outros. No jargão científico, ele tem uma teoria da mente; baseia suas ações, em parte, numa consciência de que outras criaturas inteligentes podem agir ou sentir de maneiras diferentes da dele.

Essas aptidões foram, acredito, totalmente utilizadas no dia da morte de Tina. Ele reconheceu que Tarzan, sozinho no meio de todos os chimpanzés jovens de Tai, precisava de tempo para inspecionar o corpo da irmã e expressar sua dor diante dele. Diferentemente de Flint, que manifestou seu luto sozinho diante do corpo da mãe Flo, Tarzan manifestou seu luto como parte de uma comunidade social, porque o macho alfa dessa comunidade reconheceu sua relação com a irmã. Eu me arriscaria até a chamar a resposta dos chimpanzés de Tai à morte de Tina de uma espécie de "velório", porque muitos macacos reuniram-se em torno do corpo.

Ao todo, os chimpanzés permaneceram constantemente com o corpo de Tina por seis horas e quinze minutos. O próprio Brutus passou quatro horas e cinquenta minutos com ela, interrompendo essa vigília por apenas sete minutos. Por fim, os chimpanzés saíram de perto do corpo de Tina. Dois dias depois, um leopardo consumiu parte da carcaça. Assim, tornando-se parte de outro animal, a chimpanzé desapareceu no mundo natural. Ou, explicando de outra maneira, continuou sendo parte do mundo natural. Ficamos imaginando o que Tarzan, Brutus e seus outros parceiros sociais pensaram ou lembraram de Tina nas semanas e meses seguintes.

Em *Ape*, um volume da fabulosa série "Animal", publicada pela Reaktion Books, John Sorenson observa a estranha combinação de fatores que aproxima a resposta dos humanos à de nossos parentes próximos vivos. "Embora haja muito esforço para negar nossa proximidade com outros macacos", escreve Sorenson, "ficamos fascinados com a semelhança entre eles e nós e com as possibilidades de transgredir o limite que nos separa." Olhamos para chimpanzés, bonobos, gorilas e orangotangos, nos zoológicos e no cinema, vendo-os – quase, mas não exatamente – como nossas réplicas humanas olhando para nós. Assistindo a filmes, programas de TV ou comerciais, podemos rir de chimpanzés de roupa, bebendo em xícaras de chá ou usando ternos e cumprindo tarefas de um escritório moderno. Com frequência, nesses cenários, algo dá ligeiramente errado e as regras da rotina diária são quebradas. "Assistindo ao caos", afirma Sorenson, "podemos ver, com alguma segurança, como seriam as coisas se não mantivéssemos o controle da situação e de nós mesmos."

E este é o ponto: nem sempre mantemos o controle da situação ou de nós mesmos. De certo modo, os tempos estão mudando; há menos de nós rindo dos chimpanzés fora de controle na tela, e há mais de nós protestando contra a maneira antiética com que a indústria de entretenimento trata os macacos. Mas essa louvável e substancial mudança de atitude não altera os motivos para a duradoura popularidade do esquete cômico e caótico do macaco. Como insinua Sorenson, é essa sensação de estar à beira do caos, de ceder aos nossos impulsos selvagens, que pode explicar nossa fascinação. O primatologista Frans de Waal descreveu a tendência as duas faces de Jano de nossa espécie, ou seja, nossas capacidades iguais para a compaixão e para a crueldade. Ao notar que temos um ancestral em comum com os excitáveis, violentos chimpanzés, e com os mais calmos, pacifistas bonobos, De Waal afirma que nossa natureza está dividida entre dois lados de nossa ancestralidade. Porém, eu poderia também mudar o foco e me concentrar na variação individual de chimpanzé para chimpanzé. Assim como o cativo Ham em sua resposta empática à tristeza da funcionária Melanie Bond, nós, humanos, reluzimos de bondade; assim como os chimpanzés selvagens filmados por David Watts, também explodimos com violência, causando dor e tristeza aos outros, às vezes numa escala de genocídio.

Não acredito que as pessoas ajam dessas maneiras conflitantes porque os padrões são herdados, sendo uma parte fixa de nossa natureza.

O trabalho de antropólogos com pessoas do mundo inteiro, nos diferentes períodos históricos, demonstra, de maneira convincente, que não existe uma natureza humana única. Nosso legado evolutivo é se comportar, pensar e sentir com flexibilidade, de acordo com o que acontece ao nosso redor, em combinação com a influência de nossos genes. Construímos nossas naturezas em resposta a uma rede de experiências, do berço ao túmulo. De maneira semelhante, embora menos elaborada, o comportamento variável dos macacos, de acordo com suas experiências de vida, nos diz que não existe uma natureza única dos chimpanzés (ou uma natureza dos bonobos, dos gorilas ou dos orangotangos).

Alguns chimpanzés matam de maneira brutal companheiros que são membros de sua comunidade. Alguns sofrem com a morte de outros de seu grupo e expressam compaixão por outros que estão de luto. Eu não ficaria surpresa em saber que o mesmo chimpanzé capaz de participar de um violento ataque em grupo de machos é capaz também de sofrer com a morte de outro. O luto dos chimpanzés é real, assim como a violência dos chimpanzés.

8 AMOR DE AVES

Todo mês de março, uma cegonha voa da África do Sul para um vilarejo na Croácia, percorrendo uma distância de quase treze mil quilômetros. Essa ave, que recebeu o nome de Rodan, regula a hora de sua chegada com uma consistência impressionante, aterrissando todo ano na vila no mesmo dia e mais ou menos na mesma hora. Em 2010, o quinto ano em que fez a viagem, ela chegou duas horas antes do habitual, surpreendendo o pequeno grupo de pessoas que se reunia para esperar sua volta.

Mas não é para ver pessoas que Rodan vem de tão longe. É para ver sua companheira Malena, uma cegonha que, anos atrás, foi baleada por um caçador. Os ferimentos de Malena a impedem de acompanhar Rodan em sua migração anual. Um bom homem da vila cuida dela e conta que todo ano as duas aves deleitam-se visivelmente em seu encontro. Rodan e Malena também são recompensados por seu afeto: pelo menos trinta e dois filhotes nasceram do casal. Obviamente, é Rodan que ensina os pequenos a voar. E quando a atração do hemisfério sul toma conta do lugar, os filhotes acompanham Rodan até a África do Sul.

Gravações em vídeo mostram os dois companheiros limpando-se e acasalando num telhado da vila. Como Malena deve se sentir ao ser deixada, ano após ano, por seu parceiro e seus filhotes? Será que ela se lembra e sente falta de subir ao céu e voar alto pelo mundo? E quais são os motivos da lealdade persistente de Rodan, de sua preferência por Malena em detrimento de todas as outras cegonhas? Será que ele exerce sobre Malena uma influência equivalente, para aves adultas, ao conhecido comportamento de apego de bebês gansos demonstrado pelo estudioso de comportamento animal Konrad Lorenz, ganhador do Prêmio Nobel? Ou será que temos aqui um exemplo de amor de aves, que levará inevitavelmente ao luto do sobrevivente quando o outro morrer?

O vínculo entre aves pode ser engraçado. Às vezes, dá errado. Petra, o único cisne-preto que vive num lago em Munster, na Alemanha, criou um vínculo não com outro cisne, mas com um pedalinho de plástico branco. O barco tornou-se tão essencial para o bem-estar de Petra que a acompanhou quando ela foi enviada para um jardim zoológico. Ao contar a história de Petra em seu livro *The Nesting Season*, Bernd Heinrich mostra que há muito instinto envolvido no apego das aves. De acordo com Heinrich, cegonhas como Rodan e Malena tendem a formar um vínculo maior com o lugar do ninho do que entre si. Portanto, com base na biologia da cegonha, se Rodan em algum ano chegasse à Croácia e encontrasse uma cegonha fêmea estranha no ninho do telhado, provavelmente cuidaria dela, acasalaria-se com ela e voltaria fielmente no ano seguinte.

Então, será que, para uma cegonha, uma cegonha do sexo oposto é tão boa quanto outra? O jornalista que chamou este macho de "Rodan, o romântico" foi longe demais? Nós nos divertimos com tais histórias. E isso não se aplica somente às cegonhas. Quando o agora famoso documentário *A marcha dos pinguins* foi lançado, as pessoas correram em bandos para o cinema a fim de se deleitar com cenas de calorosos e vagos comportamentos relativos aos cuidados parentais dessas aves. Por que somos coletivamente atraídos por histórias de lealdade, de amor de aves, e esperamos que elas sejam mais sobre emoções genuínas do que sobre mero instinto? Poderia esse intenso interesse pelo vínculo entre aves estar ligado à forte relação de nossa espécie com a monogamia?

Meu melhor e primeiro leitor é meu marido, portanto deixe-me esclarecer que, com vinte e três anos de casamento, fico feliz ao ver Charlie depois de passarmos alguns dias distantes um do outro, como Malena fica ao ver Rodan depois de seus voos para além-mar. É exatamente assim que acontece conosco. Mas um número cada vez maior de evidências sugere que a monogamia nunca foi um estado natural de nossa espécie. Não há evidência alguma de que famílias nucleares, centradas num vínculo entre macho e fêmea, fizessem parte de nosso passado evolutivo, e mesmo em sociedades modernas elas são o padrão de uma minoria. Permanecer exclusivamente com um parceiro por muito tempo é algo relativamente raro para o *Homo sapiens*; por que este continua sendo um ideal cultural e emocional para tantos de nós é uma pergunta intrigante.

Será que vemos nos casais de aves fiéis um ideal, uma esperança para nossos relacionamentos? "No filme *A difícil arte de amar*", escreve o biólogo David Barash, "um relato um pouco ficcional de Nora Ephron sobre seu casamento com Carl Bernstein, a personagem principal reclama com seu pai, que responde: 'Você quer monogamia? Case-se com um cisne!'" Mas, pelo que vimos, os laços entre aves não são tão idílicos quanto aparentemente gostaríamos que fossem.

Com evidente alegria pela oportunidade de derrubar um mito, Barash explica que, na verdade, os cisnes não são monógamos, como tampouco são muitas outras aves. Num estudo, fêmeas de melros-pretos acasaladas com machos submetidos à vasectomia continuaram a depositar ovos férteis. Estudos de DNA mostram que grande parte da suposta "monogamia" envolve, na verdade, o que muitos de nós chamam de traição mas os cientistas chamam de copulações extrapar (CEP). Esses dados ornitológicos são robustos e aplicam-se a muitas espécies. Seria, portanto, muita tolice se emocionar com Rodan e Malena?

Perguntas surgem, também, quando pensamos no que o futuro reserva para esse casal. Inevitavelmente, haverá um ano em que Rodan não aparecerá no ninho de Malena porque terá voado para outro lugar, ou estará velho demais para fazer a viagem, ou terá morrido. Ou talvez ele apareça e descubra que Malena não está ali – ou que está sob a guarda de outro macho. Será que a ave rejeitada ou deixada só sentirá a perda, ou simplesmente procurará outra parceira?

Quando se trata de monogamia, eis o que acontece: os destruidores de mito, como Barash, estão apenas plantando as sementes de um mito diferente, o de que é ingênuo e um pouco tolo imaginar que as aves preocupam-se profundamente com seus parceiros. Mas por que parceiros de longa data não poderiam sentir algo um pelo outro? A pessoa que cuida de Malena percebe emoção quando as duas aves se juntam, e mesmo que uma traição do tipo CEP ocorresse, certamente isso não impediria o afeto pelo parceiro original.

De fato, cientistas fazem uma distinção entre monogamia social e monogamia sexual. Animais que não demonstram fidelidade sexual podem, ainda assim, permanecer juntos como um par e ser rotulados como socialmente monógamos. Essa distinção técnica faz algum sentido, mas priva as aves de uma vida emocional. Compare esse contexto com o que pensamos sobre um caso de adultério, o equivalente humano da CEP das aves.

Penélope, o ideal homérico de fidelidade, nunca traiu Ulisses durante as duas décadas em que ele esteve ausente de casa. Ela sofreu com a solidão, mas permaneceu fiel, de corpo e alma. O próprio Ulisses não alcançou essa fidelidade conjugal – lembram-se da grande sedutora Circe? Podemos sugerir, em tom de brincadeira, que Homero, ao criar uma mulher leal durante tanto tempo e um homem namorador, antecipou os estereótipos da psicologia pop dos tempos modernos (o homem prevarica, a mulher fica). Mas, apesar do adultério, ninguém pensa em questionar o amor verdadeiro de Ulisses por Penélope. A despeito de todos os nossos ideais de monogamia, reconhecemos que a morte de um vínculo sexual exclusivo não significa a morte de um amor intenso.

Para não parecer que passei um pouco da medida ao associar cegonhas a epopeias gregas, considere-se que Bernd Heinrich, por exemplo, não teme atribuir a noção de "amor" a aves – nem a de "luto", aliás. Ele conta a história de Ruth O'Leary, uma mulher idosa de Idaho, que tinha laços emocionais muito estreitos com uma determinada gansa-do-canadá. A gansa, chamada Tinker Belle, ou TB, era sua companheira há dois anos, chegando a dormir em sua cama à noite. Em determinado momento, TB partiu com um parceiro e

O'Leary teve certeza de que nunca mais voltaria a vê-la. Porém, no ano seguinte, quando ela trabalhava em seu jardim na companhia de um gansinho jovem, TB apareceu de repente com seu parceiro.

O ganso evitou fazer contato com humanos, o que não é surpresa. TB, por outro lado, foi diretamente para o colo de Ruth e depois a seguiu até a casa. TB foi de cômodo em cômodo até o quarto, e puxou a colcha da cama, talvez avaliando o melhor lugar para fazer um ninho. Na sala, puxou uma fita de vídeo da prateleira e olhou diretamente para a TV que ela e Ruth costumavam assistir juntas. "Ruth", escreve Heinrich, "apanhou a fita correta na prateleira, *Fly Away Home*, e a pôs no aparelho de videocassete. Tinker Belle pulou para o sofá e assistiu a mais da metade do filme – ao qual antes assistia com frequência." No início daquela noite, TB voltou para seu parceiro e partiu novamente.

Um padrão tinha sido, assim, estabelecido. O casal de gansos aparecia na casa de Ruth de manhã, TB passava algum tempo com Ruth e as aves iam embora no início da noite. Até que um dia o ganso desapareceu. Durante três dias TB voou pela área, chamando por seu parceiro. Depois disso, ficava com o bico embaixo da asa e recusava-se a comer. Ficou tão fraca que cambaleava.

O gansinho tinha ficado na casa de Ruth durante esse período. Na verdade, as duas aves agora dormiam na cama de Ruth à noite. Depois que TB perdeu seu parceiro, Ruth cuidou para que TB interagisse um pouco com a ave mais jovem. Os dois gansos nadavam, comiam e à noite ambos iam para a cama de Ruth. Aos poucos, TB saiu de sua tristeza e voltou ao seu estado normal, acabando por juntar-se a um bando de gansos selvagens. O'Leary atribui sua recuperação aos efeitos terapêuticos de passar algum tempo com o jovem ganso. Esta é uma ressonância interessante do que aconteceu com Willa, a gata que sentiu a morte de sua irmã Carson (como descrito no capítulo 1) e cujo ânimo só melhorou quando uma gata mais nova chegou à casa.

O livro de Heinrich está repleto de histórias de afeto de aves. Mas não é que esse apego esteja tão fixado nos genes das aves a ponto de toda vez que um ganso macho aproxima-se de uma gansa, cortejando-a, os dois serem tomados por uma espécie de arrebatamento pré-programado. Alguns acasalamentos são perfunctórios, prevalecendo o imperativo da reprodução, na ausência de qualquer coisa remotamente parecida (pelo menos aos olhos humanos) com afeição.

Por outro lado, Malena e Rodan comportam-se de maneiras que podem favorecer seus objetivos reprodutivos comuns, mas que não visam necessariamente a um acasalamento bem-sucedido. O impulso para produzir filhotes está fixado e o resultado do acasalamento é inevitável, mas não o compartilhamento do afeto entre duas aves quaisquer.

E o amor entre parceiros de longa data? Trata-se de um compromisso forjado em alegria e dor. Amar é ganhar muita coisa – mas também perder quando, depois de anos e anos, um dos dois fica novamente, mesmo que por pouco tempo, sozinho.

Enquanto aves como cegonhas, cisnes e gansos estão associadas em nossas mentes à monogamia, o modo com que esse conceito ressoa simbolicamente entre corvos e gralhas é mais complicado. Os corvídeos são pássaros que evocam mistério e contradição. Simbolizam, por um lado, trapaças e logros, morte e maldição. Por outro lado, essas aves também representam criatividade, cura e profecia, e o poder transformador da morte.

Observe-se como a morte aparece nos dois lados do poder simbólico dos corvídeos, o da escuridão e o da luz. Como significados tão opostos podem ser atribuídos por humanos a um único tipo de pássaro? Em *Mind of the Raven*, Bernd Heinrich sugere que esses temas contrastantes surgiram em diferentes etapas da história humana. Os corvos eram reverenciados, diz ele, quando nós, como espécie, éramos caçadores. Naquela época, os corvos voavam, pousavam e comiam em locais onde podiam ser encontrados animais grandes, animais cuja carne também sustentava nossas vidas. Mais tarde, quando os humanos estabeleceram-se e começaram a pastorear animais domesticados, a associação do corvo com a morte mudou. Agora, o corvo se tornara um larápio, um ladrão daquela carne que nos sustentava.

Em algumas sociedades, pensava-se – como alguns grupos ainda pensam – que os corvos não apenas se alimentavam de carcaças de animais como também matavam animais. Essa visão é compreensível, observa Heinrich: testemunhar um corvo arrancando um olho de um bezerro agonizante seria motivo suficiente para suspeitar de que ele é um assassino. Em 1985, no Yellowstone National Park, foram vistos corvos removendo os olhos de um bisão moribundo, preso na lama, ainda bufando pelas narinas. Esta é a maneira dos corvos se banquetearem com cadáveres, e não apenas de bezerros e bisões – seres humanos também podem se tornar alimento de aves. Relatos históricos sugerem que, depois de uma grande batalha em que corpos ficaram espalhados num campo, corvos aproximaram-se para tirar proveito. Esse tipo de comportamento só faz aumentar a fama repulsiva dos corvos.

Seria forçar a imaginação atribuir a morte de um bisão ou de uma pessoa a um pequeno pássaro, mas ações seriamente agressivas dos corvos contra outros e menores animais têm sido registradas. No Ártico, dois corvos se associaram para matar um filhote de foca que descansava no gelo. Um deles pousou perto do buraco de gelo do filhote. Quando o segundo pássaro direcionou o filhote para o buraco, o primeiro lhe bicou a cabeça até ele morrer. Teria sido esse tipo de ação o que levou a que se associasse o grupo social de corvos ao termo "crueldade"? Ainda assim, esse termo é menos duro do que "assassino".

Com o advento do pastoreio, no esquema de Heinrich, a associação dos corvos à morte ganhou um tom de maldição. Uma visão antropológica não sugere, porém, qualquer cronologia linear simples de primeiro a caça e depois o pastoreio, mas sim um conjunto dinâmico de comportamentos sobrepostos visando à subsistência, de acordo com as condições ambientais. Considerando esse fato, talvez tradições culturais díspares possam ser a principal causa da complexa simbologia do corvo. Um tipo de tradição oral a respeito deste animal pode surgir num grupo e outro tipo surgir em outro local.

No livro *In the Company of Crows and Ravens*, John Marzluff e Tony Angell relatam uma série de diferentes perspectivas sobre os corvídeos entre povos indígenas americanos. Para as tribos nativas do Noroeste, no litoral do Pacífico, o corvo pode ser visto como um criador, um palhaço, um causador de problemas, um pássaro que muda de aspecto ou um trapaceiro. Alguns grupos nativos americanos contam uma história que explica sua cor negra. Os Sioux Lakota dizem que os corvos inicialmente eram brancos. Quando um caçador Lakota com uma máscara de búfalo capturou o líder dos corvos, atirou-o na fogueira em represália à advertência feita pelo corvo a outros animais sobre a caçada iminente. O corvo escapou, mas ficou enegrecido pelo fogo. Para os indígenas Acoma, o corvo ficou preto por um motivo diferente, mas também relacionado ao fogo: depois de criar o mundo, o corvo o salvou do fogo. Ao mergulhar as asas na água para refrescar a terra ardente, ficou preto.

Por trás de toda essa complexidade está o fato de os corvídeos serem incrivelmente inteligentes e sociais. Como primatologista, adoro que eles sejam chamados de "os macacos de penas", devido às suas similaridades cognitivas e comportamentais com os chimpanzés. Os gritos dos corvídeos não são apenas expressões de medo ou excitação, mas transmitem mensagens específicas sobre predadores, membros da família e recursos disponíveis. As pessoas, dizem Marzluff e Angell, podem facilmente interpretar o teor emocional da linguagem que se expressa no arranjo variado das penas que os cobrem, uma característica comunicativa incomum para um pássaro (e certamente um canal de comunicação entre os próprios pássaros).

Os grupos sociais dos corvídeos são viveiros de aprendizado e comunicação compartilhados, onde indivíduos são reconhecidos e os problemas são resolvidos de maneira inteligente. Às vezes, parece que as aves se reúnem com a expressa intenção de compartilhar informações entre si. Na Universidade de Washington, os corvos juntam-se todas as manhãs num estacionamento de carros ao lado do estádio de futebol. Bando após bando, eles chegam em pousos sucessivos. Marzluff e Angell observam a cacofonia ensurdecedora de gritos, e mesmo eles, ornitólogos experientes, perguntam-se o que está acontecendo.

Esse ritual do estacionamento acontece há quarenta anos, envolvendo agora a quarta geração de corvos. No começo, o local fazia sentido de maneira prática: ali havia um depósito de lixo, onde os corvos podiam catar comida. Atualmente, não há comida por perto. O local não é particularmente quente, nem fica próximo de onde os corvos passam a noite. Por que eles ainda escolhem esse ponto para se reunir? Os corvos estão fazendo o que seus pais e seus avós faziam. Agora é um ritual, uma tradição local. Os corvos "reagrupam-se, ficam sabendo das últimas fofocas, preparam-se para os acontecimentos do dia e espantam o sono de seus ossos", escrevem Marzluff e Angell. Trata-se de uma escolha cultural dos corvos.

O tema popular da mitologia humana e a lenda da associação íntima de corvos e gralhas com a morte podem ser avaliados de um ponto de vista científico, da perspectiva das tendências sociais e da inteligência desses pássaros. O que sabemos sobre os macacos de penas nos leva a vaticinar que os corvídeos podem sentir e expressar emoção quando um companheiro do bando morre.

Mas os corvídeos sentem a dor da perda? Marzluff e Angell relatam algo curioso que às vezes acontece com os corvos: um grupo barulhento de centenas, ou até milhares, de pássaros permanece junto por mais ou menos quinze minutos. Depois, há um período de silêncio, seguido da partida coletiva. Para trás fica um único corvo morto. O que poderia ser isso?

Os corvos tendem a evitar lugares perigosos, incluindo locais onde humanos ou outros predadores capturaram no passado companheiros do bando. Se o corvo deixado para trás morreu no meio do grupo, talvez o silêncio estranho acompanhe um processo pelo qual os sobreviventes fixam em suas mentes um lugar a ser evitado no futuro. Mas poderia estar acontecendo algo mais emocional, como um funeral de um corvo?

Uma experiência controlada pode ajudar a responder a essa pergunta. Marzluff e Angell consideraram que, se pusessem corvos mortos no meio de uma área de estudo conhecida, talvez pudessem provocar a peculiar sequência de barulho-silêncio-partida dos corvos residentes. Ao testar essa hipótese, a dupla verificou que não podia realmente provocar esse comportamento, mas o que aconteceu foi revelador. Minutos depois do surgimento das carcaças, os pássaros residentes fizeram vocalizações em grupo, o que serviu para chamar outros que estavam por perto. Logo, dez pássaros ou mais, todos gritando, circundaram os mortos do alto. Alguns, que residiam na área de estudo, foram até o chão para olhar mais de perto, talvez verificando se conheciam a identidade dos pássaros mortos. Meia hora depois, tudo havia acabado. Não houve qualquer período de silêncio e não aconteceu nada que pudesse ser descrito como um funeral.

Os paralelos com a pesquisa sobre elefantes descrita no capítulo 5 são notáveis. No Quênia, Cynthia Moss relatou a preferência dos elefantes pelos ossos de seus parentes mortos. Especificamente, ela viu um macho de sete anos afagando, por mais tempo do que qualquer outro membro do grupo, os ossos da mandíbula de sua mãe. Essa atenção, se dirigida preferencialmente para ossos de animais que eram amados quando estavam vivos, poderia ser uma medida do luto dos elefantes. Então, Moss e dois colaboradores optaram por fazer o mesmo que os cientistas dos corvídeos: dar seguimento a uma impressão conduzindo um experimento. Constatou-se que os elefantes não preferiam os ossos de sua própria matriarca aos ossos de matriarcas de outros grupos.

Assim como eu não poderia descartar o significado da observação incidental de Moss sobre um jovem elefante emotivo por causa dos dados da experiência, não posso agora descartar a ideia de que algo de significação emocional aconteça na reação dos corvídeos à morte. Marzluff e Angell também não descartam isso. Em seu novo livro, *Gifts of the Crow*, eles dedicam um capítulo a "Paixão, ira e luto" entre corvídeos. Ali, eles relatam o que aconteceu quando uma bola atingiu um corvo num campo de golfe em Seattle.

O golpe preciso foi um acidente, é claro. Golfistas que testemunharam a queda do corvo ficaram impressionados ao ver que outro corvo veio imediatamente ajudá-lo. O segundo pássaro puxou as asas do primeiro corvo, gritando o tempo todo. Outros cinco corvos logo chegaram. A essa altura, três corvos "começaram juntos a bicar e puxar a ave aparentemente morta, tentando erguê-la pelas asas". Os golfistas supuseram que o pássaro não sobreviveria e continuaram a jogar, para duas horas depois ficarem sabendo, por outros jogadores, que o corvo atingido na verdade tinha se recuperado e voado.

Essa história com certeza parece exprimir a compaixão por um companheiro de bando ferido. Em alguns casos, porém, os corvídeos reagem a um companheiro ferido matando-o. E, de vez em quando, uma turba de corvos junta-se e mata um corvo que sequer parece estar ferido. Esses pássaros são complexos, e não se pode prever o que acontecerá em seus encontros sociais.

Ainda assim, o comportamento de ajuda aqui descrito prepara o terreno para pensarmos em amor e luto de corvídeos. Marzluff e Angell enfatizam que corvos e gralhas reúnem-se "rotineiramente" em torno dos corpos de seus mortos. Eles acreditam que essa reação possa ser adaptativa, na medida em que ajuda os pássaros a avaliar o que matou o companheiro (aumentando, assim, suas próprias chances de evitar esse destino). Isso pode também ajudar os pássaros a avaliar qual será seu novo lugar na hierarquia mutável dos bandos, agora que um deles morreu.

"Também suspeitamos", escrevem Marzluff e Angell, "de que parceiros e parentes sentem suas perdas." Considerando que estamos falando de criaturas complexas – os macacos de penas – eu também suspeito.

9 MAR DE EMOÇÕES:
GOLFINHOS, BALEIAS E TARTARUGAS

No golfo de Amvrakiko, na costa da Grécia, a mãe, sozinha na água com seu filhote, tentava repetidamente ressuscitá-lo. Ela erguia o corpinho acima da superfície, em seguida empurrava-o para debaixo d'água e repetia o ciclo.

A mãe era um golfinho-nariz-de-garrafa, e o filhote, um recém-nascido morto; os observadores eram cientistas a bordo de um navio de pesquisas do Tethys Institute. Eles estavam assistindo ao "comportamento desesperado" da mãe, que, ao longo de dois dias, em 2007, vocalizava e tocava seu filhote com o rostro e as nadadeiras peitorais. Outros golfinhos do grupo da mãe, de cerca de cento e cinquenta animais, aproximavam-se de vez em quando para observar o drama, mas nenhum deles interferiu nem se demorou. Eram apenas a mãe e seu bebê morto juntos na água.

Os pesquisadores ficaram preocupados com a mãe, e com bons motivos. Durante aproximadamente quatro horas, ao longo dos dois dias, eles não a viram se alimentar. Considerando as altas taxas metabólicas dos golfinhos, seu foco exclusivo no filhote poderia pôr em risco sua saúde. O bebê, enquanto isso, já começara a se decompor. Comparados aos bebês de macacos, os filhotes de mamíferos marinhos decompõem-se rapidamente após a morte. A mãe já começara a retirar pedaços de pele e outros tecidos do cadáver.

Um trecho do relato dos cientistas sobre essa mãe golfinho descrevia a compaixão deles:

"Os pesquisadores a bordo não tiveram vontade de tirar o filhote da mãe para realizar investigações científicas (como uma necropsia). A decisão deles teve a intenção de respeitar o animal intensamente envolvido, cujo sofrimento profundo era óbvio o bastante."

Os pesquisadores sabiam o que estavam vendo: o luto materno.

Assim como as mães macacas, as mães golfinhos às vezes carregam os cadáveres de seus filhotes mortos. De vez em quando, embora não neste caso na Grécia, o grupo social da mãe acompanha atentamente esse comportamento. Um relato mais antigo desse tipo, de 1994, trata de golfinhos-nariz-de-garrafa da costa do Texas. Alguns pescadores notaram que um golfinho, provavelmente a mãe, estava se esforçando para impedir que um golfinho menor falecido fosse lançado à praia. Vários golfinhos adultos moviam-se em sentido horário em torno do par; quando os pescadores aproximaram-se ainda mais, os animais começaram a bater os rabos na água. O comportamento materno continuou durante duas horas, e ocorreu de novo no dia seguinte (supõe-se de que o mesmo par de mãe e filhote esteve envolvido nas duas vezes).

Numa outra história do mesmo relato, voluntários da Texas Marine Mammal Stranding Network observaram um golfinho adulto empurrando um filhote morto na água. Quando o barco dos voluntários aproximou-se, o adulto afastou-se e voltou à tona em outro lugar, mesmo com outros golfinhos nadando por perto. Desligando o motor e chegando mais perto em silêncio, a equipe de resgate conseguiu tirar o filhote da água e trazê-lo para o barco. Diante disso, a mãe ficou furiosa, nadando sob o barco e junto a ele.

Eu me vi desejando que esses voluntários não tivessem interferido, permitindo, em vez disso, que a mãe vivenciasse o seu luto. Os fatos, porém, atenuam essa visão sentimental: a mãe já não podia ajudar seu bebê e poderia, perigosamente, ter esgotado suas reservas de energia se continuasse agindo daquela maneira. É possível até que essa *segunda* observação de comportamento materno no Texas envolvesse os mesmos golfinhos da *primeira*: ocorreu apenas seis dias depois da outra e a cerca de vinte quilômetros. Teriam os voluntários que se dedicam a mamíferos marinhos localizado a mesma mãe que os pescadores viram? Poderia a mãe ter persistido em seus esforços por tanto tempo? O fato de o filhote da segunda observação parecer estar em pior estado físico do que o da primeira sugere que sim.

Em 2001, nas Ilhas Canárias, golfinhos-de-dentes-rugosos foram observados por cientistas ao longo de seis dias, durante viagens para observação de baleias. Um animal, presumivelmente a mãe, foi visto empurrando, de maneira agora familiar, um recém-nascido morto. Mas desta vez a mãe tinha uma escolta – dois golfinhos adultos que, segundo o relato de Fabian Ritter publicado na revista *Marine Mammal Science*, "estavam nadando de maneira bastante sincronizada, geralmente um pouco à frente da mãe e a escoltando".

Outros golfinhos aproximaram-se da mãe e de sua escolta. No dia seguinte, foram vistos comportamentos semelhantes, e ao longo dos quatro dias seguintes, durante quatro observações, a escolta esteve presente três vezes. Enquanto isso, o bebê morto começava a mostrar sinais de decomposição. No quinto dia, a mãe deixou o filhote de lado por períodos mais longos, mas os golfinhos defenderam o cadáver quando uma gaivota aproximou-se. E, curiosamente, os acompanhantes da escolta começaram a participar mais diretamente do apoio ao filhote: eles nadavam, de vez em quando, com seu dorso por baixo do corpo.

Como é rotina na literatura científica, as descrições publicadas são objetivas, frias e destituídas de emoção. Mas pode ser significativo para um perfil do luto dos golfinhos que outros adultos, além da mãe, tenham-se envolvido com o corpo do filhote. Trabalhando com sua base de dados de fotos individuais, os cientistas identificaram dezenove golfinhos que participaram de algum modo no transcorrer desses fatos. Com base em observações prévias, acredita-se que quinze eram membros de uma única e coesa unidade social. Além disso, a velocidade de locomoção dos golfinhos foi mais baixa do que jamais observada antes disso. Durante os seis dias, os golfinhos afastaram-se muito pouco de sua localização original. Ritter conclui que o grupo ajustou seu comportamento às circunstâncias excepcionais da morte do filhote.

Esse evento – uma resposta firmemente coordenada entre animais que se comunicavam de perto uns com os outros – mostra claramente que um grupo social de golfinhos pode ser afetado pela morte de um filhote. Para mim, seria arriscado concluir que isso é uma prova clara da existência de um luto coletivo de golfinhos. Mas o encadeamento lógico não é fraco: mães golfinhos demonstram luto; os golfinhos vivem em grupos sociais fortemente coesos; é perfeitamente possível que outros golfinhos, além da mãe, demonstrem luto quando um jovem morre.

Criaturas gregárias, os golfinhos brincam animadamente com parceiros de seus grupos e às vezes também com baleias. Uma série maravilhosa de fotografias tiradas em águas havaianas mostra brincadeiras entre golfinhos-nariz-de-garrafa e baleias jubarte perto de Maui e, uma outra vez, perto de Kauai. Os dois golfinhos deitavam sobre as cabeças das baleias e as baleias, então, empinavam-se para eles descerem em seus dorsos, como que num escorrega. Em nenhum momento as ações das baleias pareciam agressivas, e a cooperação dos golfinhos em muitos "passeios" era total.

Será que um golfinho sentiria a morte de uma baleia parceira de brincadeiras, ou vice-versa? As interações para brincadeiras, quando ocorrem fora de uma amizade de longa data, podem ser fugazes demais para isso. Pode apenas ser o caso de que, como esses mamíferos marinhos são tão preparados para se reunir socialmente, seus padrões de brincadeira normais dentro da espécie extrapolem para brincadeiras entre espécies quando surge uma oportunidade. O repertório comportamental expansivo dos golfinhos, certamente enraizado na emoção, leva-me a pensar que uma hipótese de que os golfinhos compartilham o luto é bastante plausível.

O luto de uma baleia por outra talvez ocorra relacionado a um fenômeno que preocupa (e às vezes ilude) cientistas estudiosos de mamíferos marinhos: os encalhes em massa. Em fevereiro de 1998, cento e quinze cachalotes foram parar na praia em três encalhes na costa da Tasmânia. Os animais, vindos de três grupos diferentes, eram fêmeas em sua maioria (noventa e sete das cento e doze baleias que puderam ter seu sexo identificado de maneira confiável), e suas idades variavam de menos de um ano até sessenta e quatro anos. Num artigo para a *Marine Mammal Science*, Karen Evans e sua equipe de pesquisadores relatam valiosos detalhes fisiológicos coletados nas carcaças das baleias. Fiquei impressionada ao saber que as fêmeas grávidas tinham idades que variavam de vinte e cinco a cinquenta e dois anos, pois não esperava que esses animais pudessem ter sucesso na reprodução em idades avançadas.

Num desses três encalhes, o comportamento das baleias pôde ser monitorado de perto. Primeiro, um grupo fortemente coeso de trinta e cinco baleias deslocou-se do mar aberto para a zona de surfe. Uma baleia começou a se afastar das outras de maneira "frenética", agitando água, movendo-se paralelamente à margem e, em seguida, encalhando na praia. Em pares e trios, as outras baleias seguiram a primeira até a arrebentação; ali, a ação das ondas as empurrou para a praia (mas as duas últimas baleias a encalhar desviaram-se desse padrão; elas passaram nadando pelas outras e se lançaram ativamente na praia, numa outra área).

Os cachalotes organizam-se em agregados temporários de dez a trinta fêmeas adultas e seus filhotes, e subgrupos permanentes menores surgem do grupo maior e voltam a se juntar a ele diversas vezes. No artigo científico, Evans e sua equipe não sugerem qualquer relação entre essa organização de família e o motivo do encalhe. Porém, durante uma entrevista, Evans observou que as baleias provavelmente encalharam devido a uma espécie de contágio emocional: a baleia original – ou as baleias originais – provavelmente encalhou por motivos relacionados a aflição ou ferimentos, e membros da família a acompanharam porque se recusaram a abandonar sua parente.

Essa explicação para o encalhe dos cachalotes é tentadora, e compatível com ocorrências em outras espécies de baleia. Segundo Ingrid Visser, do Orca Research Trust, na Nova Zelândia, quando baleias-piloto encalham, outras se aproximam para ver o que está acontecendo; se equipes de resgate tentam afastá-las, elas se tornam bastante obstinadas. "Se tentávamos fazê-las passar sem parar, elas lutavam para voltar ao animal morto", disse Visser à revista *New Scientist*. "Eu não sei se elas entendem a morte, mas com certeza parecem sentir luto – com base em seus comportamentos."

Os golfinhos também encalham em grandes números, e cientistas concordam em que não existe qualquer fator isolado que explique isso. Entre 1º de janeiro e 7 de março de 2012, cento e oitenta e nove golfinhos encalharam em Cape Cod, Massachusetts – número muito acima da média anual, de trinta e oito. Um fator possível seria o formato em gancho de Cape Cod, que pode prender esses golfinhos em águas rasas. Mas uma característica permanente da paisagem não pode explicar o aumento de encalhes num único ano. A topografia de Cape Cod também não pode explicar os encalhes de golfinhos em outros lugares. Causas de encalhes – incluindo o uso, por militares, de sonares que poderiam comprometer a capacidade de orientação dos golfinhos – são intensamente discutidas. Em suma, os encalhes em massa de mamíferos marinhos não são bem compreendidos. Vínculos sociais, e até mesmo o luto social, talvez ajudem a explicar alguns encalhes de baleias e golfinhos, mas esses fatores oferecem somente uma resposta parcial a um mistério perturbador.

Até agora, considerei apenas os cetáceos, mas questões sobre o luto aplicam-se também a não mamíferos. As tartarugas marinhas são répteis, e belos répteis. Em seu nado gracioso, elas parecem totalmente diferentes das tartarugas terrestres de andar desajeitado que conhecemos. Na ilha de Oahu, no Havaí, um lugar apelidado de Praia das Tartarugas atrai inúmeras tartarugas marinhas ameaçadas de extinção. Alguns anos atrás, moradores e visitantes passaram a conhecer e amar uma tartaruga que chamaram de Honey Girl. Houve uma grande tristeza quando Honey Girl foi encontrada massacrada (com crueldade, por mãos humanas) na praia.

Moradores desolados fizeram um memorial para Honey Girl que exibia uma grande fotografia dela. Amantes de tartarugas inundaram o local, mas um visitante inesperado apareceu também. Um grande macho de tartaruga marinha saiu das águas e seguiu diretamente da praia para a fotografia. Ele ficou parado ali, na areia, com a cabeça voltada para a imagem de Honey Girl. Avaliando o olhar da tartaruga da melhor maneira que humanos podem fazer, observadores concluíram que ele olhou fixamente para a fotografia durante horas.

Estaria o macho sentindo a morte de sua companheira? Até agora, temos considerado como poderíamos chegar a discernir as emoções de um animal selvagem; não é um fato que essa pergunta só aumenta em complexidade quando lidamos com um réptil? Afinal de contas, uma tartaruga está, na evolução, há muitas eras de distância de nós, primatas, e, na verdade, de qualquer mamífero – trata-se de uma criatura bastante fria para nosso sangue quente, como explica o psicólogo Anthony Rose. Quando acreditamos que uma tartaruga está abalada pelo luto (como fizeram os noticiários na TV no caso do parceiro de Honey Girl), será que não estamos impondo noções romantizadas a uma espécie que atua por instinto?

Nunca teremos certeza se o parceiro de Honey Girl estava chorando sua morte na praia, ou mesmo se ele sabia que a imagem na fotografia era de Honey Girl. Os indícios sugerem que algo estava acontecendo na mente do macho, algo além de uma atração por uma simples novidade na praia. Seu caminhar decidido até o memorial e a qualidade de sua quietude enquanto permaneceu por tanto tempo na areia em frente à foto são impressionantes. Teria ele se comportado da mesma maneira caso tivesse se deparado com uma escultura de areia representando Honey Girl, mais ou menos do mesmo tamanho da foto, ou com outro grande objeto que fosse novidade, sem relação com Honey Girl? A não ser que eu vá para Oahu a fim de realizar uma experiência controlada, não posso afirmar com certeza. No entanto, fosse qual fosse sua intenção no memorial de Honey Girl, para mim está claro que aquela tartaruga agia por opção, comportando-se numa esfera que vai além de uma mera atividade de sobrevivência.

Minha própria experiência com tartarugas vem de lugares menos exóticos. Eu as encontro regularmente em rodovias, quando passam devagarzinho pelas pistas de trânsito, alheias ao potencial imediato de se tornarem pedaços brilhantes e coloridos de um animal atropelado. Resgatar tartarugas me empolga, admito: carregá-la rapidamente do meio da estrada para a margem mais segura, no caso das mais amigáveis e menores; ou empurrá-la com os pés, pela parte de trás do casco, para orientá-la, no caso das maiores e mais irritadiças (para evitar mordidas bruscas). Num dia de verão, depois de parar rapidamente o carro no acostamento de uma rodovia, travei uma batalha épica com uma magnífica tartaruga que estava prestes a ficar numa situação complicada.

Puxando a criatura para fora do caminho de veículos predatórios, eu a pus no mato e a reorientei para pastagens mais seguras. Ela se virou e seguiu de novo para a pista de carros. Talvez buscasse um oásis com água do outro lado da estrada e, movida por "instinto", resistisse a qualquer ajuda.

Por fim, carregando-a bem alto sobre a cabeça, mergulhei-a no canal de água fedorenta e escura à beira da estrada (sacrificando meus tênis limpos e todo o meu orgulho, mesmo diante do espanto de motoristas que passavam) e a pus fora de perigo. Reservada, metódica, estoica: esta é a natureza de uma tartaruga. "Comer, andar, acasalar" seria o título do *best-seller* e do filme sobre o mundo das tartarugas. Não seria? Foi o que pensei certa vez. Mas, aplicando as perguntas surgidas na história de Honey Girl, acho que faltam dados para se supor que existe uma única "natureza de tartaruga". Estou aprendendo que as tartarugas têm não apenas espécies e tamanhos diversos, na terra e no mar, mas que elas se comportam de maneiras que vão além dos instintos.

Considere a tartaruga que tentou ajudar uma companheira aflita. Aqui nos beneficiamos novamente da mania que as pessoas têm de filmar as ações de qualquer animal bonitinho, engraçado ou que esteja fazendo algo inesperado. Nesse vídeo, uma tartaruga está virada de lado, com as pernas voltadas inutilmente para o ar e incapaz de se endireitar. Uma segunda tartaruga aproxima-se. A tartaruga B põe o rosto bem perto do corpo de A, talvez para avaliar a situação, e então começa a empurrá-la suavemente. De início não acontece muita coisa; B continua a trabalhar com propósito e precisão. Quando começa a se inclinar em direção ao chão, A gira as pernas, acrescentando sua própria força à força de B. Depois que A recupera sua postura de quadrúpede, as duas afastam-se juntas, lentamente.

Num vídeo de origem desconhecida como este, é possível que os espectadores, inclusive eu, tenham sido enganados. Poderia a tartaruga A ter sido virada de lado por uma pessoa ávida para oferecer uma cena dramática ao mundo dos viciados em YouTube? E o que dizer da ética? O cinegrafista não deveria ter ajudado logo a tartaruga A, antes mesmo de a tartaruga B chegar? Mesmo que os eventos em torno desse vídeo não estejam claros, o comportamento criativo – e bem-sucedido – demonstrado por B para resolver o problema é impressionante.

Como observei ao escrever sobre cabras e galinhas no prólogo, o que notamos nos animais é determinado, em grande parte, por nossas expectativas. Pode ser que nem pensemos em identificar o luto quando uma tartaruga perde um parceiro. Pode ser que não pensemos nem um pouco em olhar bem de perto o comportamento de uma tartaruga. Mas ficar condicionado a nossas suposições significa oportunidades perdidas, uma lição levada para casa pela tartaruga ficcional de Verlyn Klinkenborg em seu romance *Timothy, or Notes of an Abject Reptile*. Timothy nasceu em meio ao cheiro forte do sal da Turquia e foi transportado de navio para a Inglaterra. O que Klinkenborg revela, por meio de Timothy, é que nós, humanos, estamos longe de entender os outros animais tão bem quanto gostamos de pensar.

Timothy oferece uma espécie de etnografia, uma visão do *Homo sapiens* que resistia ao inverno inglês do século XVIII de maneiras peculiares à sensibilidade de Timothy: "Os humanos de Selborne ficam acordados o inverno inteiro. Acima do solo, comendo e comendo... Aconchegados junto ao fogo. Abanando as cinzas. Vigiando a chama. Nunca há um silêncio duradouro para eles. Nunca o descanso dura mais do que uma noite." Refletindo ainda mais sobre a condição humana, Timothy encontra pouca coisa para invejar: "Mal são capazes de testemunhar o que não é humano. Sempre conjurando com a separação de sua espécie. Criação separada. Domínio especial. Constrangidos por sinais de sua natureza animal." Mais do que qualquer coisa, Timothy fica confuso com a determinação dos humanos para medir, categorizar e rotular rigidamente o mundo natural, o tempo todo inflados pela certeza resoluta de sua compreensão. Em todas as suas observações e descrições, o humano Gilbert White (um naturalista inglês do século XVIII que escrevia sobre tartarugas) refere-se a Timothy como "ele". White nunca viu qualquer evidência que sugerisse que Timothy fosse outra coisa além de um macho, portanto, ele tira uma conclusão precipitada: "Nenhum ovo enterrado sob o ruibarbo do monge", reflete Timothy, "ou escondido ao pé da videira. Nenhum deixado sobre o terreno gramado. Nada de me embelezar, nada de requebros... e então, o senhor White sempre supôs que sou um macho."

Conforme revela a narrativa de Klinkenborg, Timothy não é macho. Ela é cheia de surpresas, tanto em relação ao seu sexo quanto em suas maneiras de viver no mundo. Gosto desse romance porque reflete perfeitamente o que agora, mais do que nunca, estamos começando a entender mais precisamente na ciência do comportamento animal: precisamos olhar as ações dos animais com novos olhos e com pensamentos não limitados por expectativas.

Em 1994, quando o estudioso de comportamento animal Gordon Burghardt visitou o National Zoological Park, em Washington, ele parou diante do cercado de uma tartaruga-de-carapaça-mole-africana chamada Pigface. Sozinha no cercado, Pigface vivia no zoológico há cinquenta anos. (Lendo esse dado, tive que parar um instante para absorvê-lo: cinco décadas em cativeiro.) Burghardt já havia visto Pigface antes, mas desta vez ficou estupefato: ela estava brincando com uma bola de basquete. A tartaruga nadava na água, batendo na bola com o nariz e a perseguindo com grande energia. Essa visão da brincadeira da tartaruga o levou a pensar de uma maneira diferente sobre o repertório comportamental dos répteis.

No século XXI, tendemos a ficar entre duas posições ao pensarmos em criaturas do gênero de Pigface. Podemos concluir que o macho de tartaruga marinha havaiano estava sofrendo com a morte de sua companheira, Honey Girl, ou podemos olhar para as tartarugas mais ou menos como o ficcional Gilbert White faz, fechado em suas suposições de que a vida delas está circunscrita ao circuito "comer-andar-acasalar". Não acho que a história de Honey Girl comprove o luto das tartarugas, mas, assim como o comportamento brincalhão de Pigface fez com Gordon Burghardt, isso deveria nos levar a um fato: não teremos esperança de encontrar o luto da tartaruga até que procuremos por ele.

10 SEM LIMITES:
LUTO INTERESPÉCIES

O corpo cinzento e volumoso, com suas orelhas enormes e sua tromba balançando, caminhava num grande campo aberto ao lado de um corpo menor, branco, travesso. Tarra e Bella haviam saído para passear. Lado a lado, dia após dia, elas perambulavam pelos hectares abertos do Elephant Sanctuary, no Tennessee. Até nadavam juntas. A confiança que Bella, a cadela, tinha em sua amiga ficava evidente ao permitir que Tarra acariciasse sua barriga com a pata enorme.

Tarra criou um vínculo com a vira-lata Bella por iniciativa própria, sem qualquer incentivo dos humanos que cuidavam dela. As duas foram amigas próximas por oito anos. E graças à TV e à internet, elas se tornaram uma sensação global em vídeo. O fato de duas criaturas de tamanhos tão díspares, e de naturezas tão diferentes, terem uma amizade duradoura foi uma notícia animadora para muita gente. Tarra e Bella nos lembram que, quando os indivíduos querem, os laços de amizade podem transcender inclusive diferenças extremas.

Até que um dia, em 2011, a cadela foi atacada por um animal selvagem, ou talvez mais de um. Os atacantes eram, muito provavelmente, coiotes, e eles a mataram. Embora circunstanciais, as evidências reunidas apontam para duas conclusões: Tarra foi a primeira a descobrir o corpo de Bella, e ela carregou a amiga morta para o celeiro onde as duas haviam passado momentos felizes.

Tarra e Bella no Santuário do elefante. © *The Elephant Sanctuary* em Tennessee.

Ninguém do santuário testemunhou a descoberta de Tarra ou a viu carregando o corpo de Bella, portanto não posso confirmar a veracidade dessas conclusões. Eis os fatos conhecidos: Tarra e Bella foram vistas juntas em 24 de outubro de 2011. Na manhã seguinte, e durante esse dia inteiro, Bella não foi vista em lugar algum. Funcionários do santuário iniciaram uma busca infrutífera, e continuaram no dia seguinte. A ausência prolongada da cadela era tão incomum que os funcionários haviam começado a temer o pior.

E, então, esses temores concretizaram-se: o corpo de Bella foi encontrado perto do celeiro. Não havia sinal algum de coiotes ou de qualquer outro animal selvagem perto do corpo, nem de qualquer briga. Como ela chegou lá é um enigma. Bella pode ter querido ir do lugar do ataque para o celeiro, um lugar de conforto para ela, mas seus ferimentos provavelmente eram graves demais para conseguir fazer isso sozinha. Quando a equipe do santuário descobriu sangue na parte inferior da tromba de Tarra, concluiu que ela carregou a amiga para o celeiro. Ou talvez Tarra tenha descoberto Bella quando esta voltava para o celeiro, ou a encontrou lá, no lugar onde morreria, e lhe ofereceu ajuda ou conforto com a tromba.

Seja como for, Tarra não mostrou interesse algum em ficar junto ao corpo de Bella quando funcionários a levaram até ele. Mais tarde, naquele dia, quando a cadelinha foi enterrada, Tarra não se aproximou da cerimônia. Em seu *site* na internet, o santuário relatou os eventos daquele dia e do dia seguinte:

"Tarra optou por não participar do enterro. Ela estava perto, a menos de cem metros de distância, atrás de algumas árvores. Mas não veio. Já se despedira. Aquilo era para os humanos.
No dia seguinte, funcionários que cuidavam dos animais fizeram uma dolorosa descoberta: Tarra visitara a sepultura de Bella em algum momento durante a noite ou de manhã cedo. Eles encontraram fezes por perto e uma pegada de elefante bem em cima da sepultura de Bella."

De início, minha reação a essa alegação foi cética. Como era possível saber a identidade do elefante que visitara o lugar de repouso de Bella? Mas os funcionários do santuário me contaram alguns detalhes cruciais. Embora Tarra não tivesse sido vista junto à sepultura, avistaram-na nos arredores – e nenhum outro elefante estava lá! Além disso, bons observadores podem discernir a identidade de um elefante só pelas pegadas e pelas fezes. Foram esses fatores reunidos que levaram a equipe do santuário a concluir que havia sido Tarra quem visitara a sepultura de Bella.

O que está fora de questão é o quanto Tarra e Bella desfrutaram de sua longa amizade. Este é um bom exemplo de uma situação em que uma resposta de luto é altamente previsível para o parceiro sobrevivente. Mas um último detalhe do relato do santuário merece atenção. Depois de Bella desaparecer, e antes de seu corpo ser encontrado, os funcionários que cuidavam de Tarra já haviam percebido que ela estava deprimida e sofrendo. A elefanta comeu menos e comportou-se de maneira atípica. Naquele momento, Tarra estava perturbada com uma ausência, e não por saber da morte. Já nos debatemos com essa questão antes: como diferenciar a resposta emocional de um animal que não consegue localizar um amigo de um claro estado de luto?

É comum um elefante, um gorila ou um chimpanzé de jardim zoológico descobrir, um dia, que um amigo próximo, de muitos anos, simplesmente... partiu. O amigo pode ter sido encaixotado e transportado para outro zoológico, sem que os cuidadores pudessem explicar o ocorrido. E esta não é uma situação muito diferente do que pode acontecer em nossas casas quando um animal de estimação morre no consultório do veterinário e resta um amigo em casa. Mesmo no ambiente de um santuário, só um observador atento pode distinguir entre um elefante que deseja brincar com um amigo no momento imediato e um elefante que sofre com a morte de um amigo. No caso de Tarra, o que começou como uma tristeza momentânea pela perda de Bella parece ter evoluído para um luto total. Aqueles que cuidavam dela relataram que a elefanta continuou a visitar a sepultura da cadela de vez em quando, semanas após a morte da companheira.

A profundidade do sentimento entre Tarra e Bella ajuda a explicar por que, em anos recentes, as amizades entre animais de espécies diferentes tornaram-se um tópico amplamente popular. Tarra e Bella desempenharam um papel nesse fenômeno quando vídeos de suas interações amistosas tornaram-se virais na internet, alguns anos atrás. Depois, em 2011, Jennifer Holland, da National Geographic Society, publicou *Amizades improváveis*, que figurou nas listas de *best-sellers*. As relações de amizade de um cachorro vira-lata com um urso-polar, de uma cobra com um hamster e de outros quarenta e cinco pares – incluindo Tarra e Bella – são exploradas no livro. Holland descreve a vigília de Tarra quando Bella adoeceu. Em aparente aflição, a elefanta esperou muitos dias em frente à casa onde a cadela estava sendo tratada para recuperar sua saúde. Quando as duas finalmente voltaram a ficar juntas, cada uma delas expressou sua alegria de acordo com sua espécie: Bella balançava o corpo todo e rolava no chão; Tarra barriu e afagou Bella com a tromba.

Às vezes, o que é rotulado como uma amizade entre espécies é descrito de maneira mais precisa como uma associação positiva de curto prazo. Pense da seguinte maneira: você se hospeda na casa de um amigo por vários dias, e gosta de brincar no quintal com o cachorro de seu amigo. Você começa a diversão jogando *frisbee*, mas depois o cachorro o convida para brincar de trazer um brinquedo que você atira. Pela linguagem corporal do cão você sabe que ele está se divertindo. Vocês dois são parceiros numa série de interações positivas, uma espécie de aliança temporária que se encaixa nas circunstâncias do momento. Mas você e o cachorro formaram uma amizade? Apenas se o critério para definir uma amizade seja atendido por interações um tanto passageiras.

Mas *deveria* uma associação prolongada ser requisito para uma amizade? Em *Amizades improváveis*, Holland conta sobre um cão de trenó e um urso-polar da cidade de Churchill, no norte do Canadá. Um dia, um grande urso aproximou-se de um cercado aberto onde cães de trenó ficavam acorrentados. Comuns na área, os ursos selvagens às vezes matam cães de trenó. Embora a maioria dos cachorros tenha demonstrado ansiedade, um deles não o fez. O fotógrafo Norbert Rosing viu quando o urso aproximou-se e estendeu uma pata para o cachorro. De início cauteloso, o cão começou a relaxar e a responder ao convite do urso para brincar. Em determinado momento, o cachorro gritou de dor quando o urso o mordeu com força, mas daí em diante o urso ajustou sua força para que se adequasse ao parceiro menor. A brincadeira durou cerca de vinte minutos; o urso retornou durante vários dias seguidos para brincar com o cachorro.

Em Churchill, esse tipo de brincadeira não é exclusivo de uma única dupla de urso e cachorro. Muitos ursos podem se divertir com muitos cães numa espécie de festival de brincadeiras interespécies. Um vídeo registra ursos enormes, de cor branca encardida, em meio à neve mais branca, fazendo movimentos lentos para chamarem a atenção dos cachorros sem assustá-los. Um urso cutuca um cão com seu focinho grande e rombudo; outro dá, literalmente, um abraço de urso num cachorro, levando-o a se contorcer. Uma vez, um urso abre a boca bem em torno da cabeça de um cachorro. Mas os cães estão relaxados perto dos ursos, e voltam querendo mais.

As brincadeiras entre cães e ursos clamam por mais estudos. Seriam essas parcerias para brincadeiras aleatórias, de modo que qualquer urso brincaria com qualquer cachorro? Ou parceiros específicos escolhem um ao outro repetidamente? O que acontece quando ursos e cães são separados por algum tempo? Há alguma indicação de que uma espécie sente falta da outra? Algum dia um urso já encontrou a carcaça do cachorro que era seu parceiro de brincadeiras, ou um cão se deparou com o corpo do urso que era seu parceiro de brincadeiras? Existiria entre os cães e ursos de Churchill algo próximo da relação entre Tarra e Bella, de modo que um luto interespécies possa ocorrer quando um parceiro de brincadeira morre?

Nem todas as amizades interespécies se prestam a perguntas sobre o luto. Tome-se, por exemplo, uma ligação supostamente estabelecida entre uma cobra e um hamster. O hamster foi apresentado a uma cobra de zoológico no inverno, quando o metabolismo do réptil era lento. A cobra abrigou o hamster em seu corpo espiralado. Entretanto, Holland admite que se o encontro tivesse acontecido no verão o resultado poderia ter sido uma saliência com o formato do roedor no corpo da cobra. O que aconteceu com o hamster à medida que o tempo passou? A autora não conta, e eu não consigo imaginar qualquer evidência de luto animal surgindo desse cenário.

Por outro lado, a amizade entre o hipopótamo Owen e a tartaruga Mzee é impressionante por sua constância. Depois de ficar órfão durante o terrível tsunami do Natal de 2004, Owen foi levado para um parque de animais no Quênia, onde vivia Mzee, de cento e trinta anos. Embora nenhuma centelha mútua tenha surgido entre os dois, a dupla, liderada pelo mais jovem e impetuoso Owen, desenvolveu aos poucos uma afeição compartilhada. Logo, um passou a seguir o outro e surgiu um sistema de comunicação idiossincrático. Mzee belisca o rabo de Owen para espicaçá-lo numa caminhada. Owen cutuca as patas de Mzee quando é a sua vez de iniciar: ele empurra a pata direita traseira de Mzee quando quer que ela vire à direita e faz o oposto para seguir à esquerda. O que acontecerá quando Owen perder Mzee, ou quando Mzee perder Owen? O preço de uma amizade duradoura costuma ser o luto do sobrevivente, e sabemos que esse luto não respeita limites interespécies.

As amizades interespécies – e a dor da perda do outro que pode advir – talvez sejam encontradas em nossas casas também. Melissa Kohout ficou comovida com a reação de sua gata, Madison, à morte de sua doberman, chamada Lucie. Madison juntou-se à família quando era pequena e Lucie tinha quatro anos. Como chegou com uma micose, era preciso lhe dar banho toda noite, durante semanas, e Lucie assumiu a função de lamber o filhote para secá-lo. Durante anos, toda noite os dois animais limpavam um ao outro. Depois de sete anos nessa relação, a cadela Lucie adoeceu, com câncer. Nessa época difícil, um incidente engraçado ocorreu. Como os gatos fazem quando querem "presentear" seus humanos favoritos, Madison trouxe um rato para a cama tarde da noite e o soltou sobre o peito de Kohout. "As cobertas voaram", contou-me Kohout, "e gato e rato correram para a cozinha. O rato mordeu Madison na pata dianteira e ela gritou. Lucie, embora doente, veio correndo, mordeu o rato, cortando-o ao meio, e voltou para a cama."

Lucie morreu em casa. Madison subiu na cama e entocou-se sob as cobertas, algo que nunca fizera. Durante mais ou menos um mês, ela só saía da caverna que tinha feito para comer e usar a caixa onde defecava. Depois desse "período de luto", como explica Kohout, Madison nunca mais se refugiou na cama daquela maneira.

Karen Schomburg descreve um caso de luto interespécies ocorrido numa pequena fazenda do estado de Washington. Aos trinta e dois anos de idade, Peaches, seu pônei de Shetland, adoeceu, com dificuldade de respirar e congestão. Jezebel, uma cabra amiga de Peaches durante anos, mostrou grande preocupação, recusando a companhia de outras cabras e preferindo Peaches. Preocupada a ponto de ir verificar o estado do pônei com frequência, Schomburg viu algo surpreendente tarde da noite: Peaches apoiara o dorso na manjedoura para se firmar, por estar mais fraca, e Jezebel apertava-se de encontro a ela, apoiando-se em seu peito. Peaches só conseguia ficar ereta com a força extra da amiga. Mas, ao amanhecer, Peaches estava no chão, morta. Para Schomburg, Jezebel parecia desolada.

A história de Peaches e Jezebel mostra que, mesmo quando estão entre seus iguais (diferentemente de Owen e Mzee), os animais podem optar por uma amizade interespécies. Jezebel tinha outras cabras disponíveis como amigas; por que ela buscava a companhia de um pônei? Por que Tarra, cercada por outros elefantes no santuário em Tennessee, desejava a companhia canina de Bella? Como foi que essas amizades interespécies passaram a ter tanta importância que o sobrevivente ficou emocionalmente abalado quando o amigo estava morrendo (como no caso de Jezebel) ou depois de ele morrer (como no caso de Tarra)? Muitos animais são curiosos, sociáveis e abertos a novas experiências. Talvez eles busquem mais as "vibrações positivas" provenientes de uma interação inicial com outra criatura, e o resultado seria uma amizade.

De certa maneira, o luto interespécies está entrelaçado com muitas histórias deste livro. Animais podem sofrer com a morte de um companheiro humano, e nós podemos sofrer por animais que amamos e perdemos. A cidade de Berlim, na Alemanha, passou recentemente por uma efusão de luto por toda a cidade por causa da morte do urso-polar Knut, em 2011. Knut tornou-se uma "obsessão nacional", como explicou o *New York Times*, quando se desenvolveu no zoológico de Berlim mesmo depois de ter sido rejeitado pela mãe. Memoriais estão sendo ou serão erguidos em homenagem ao urso em três lugares – o bairro de Spandau, o Museu de História Nacional e o próprio zoológico.

A vontade de cultivar a memória ocorre, também, numa escala menor. Recentemente, participei de uma breve cerimônia após a morte de um gato chamado Tinky. Durante dezoito anos seguidos, Tinky fora companheiro de minha amiga Nuala Galbari, que, com seu parceiro David Justis, cuida de diversos animais, de gatos e coelhos a cavalos e aves. Quando Tinky era pequeno, Nuala tocava piano com ele a seu lado no banco; ela adquiriu o hábito de mover as patas dele suavemente sobre as teclas. O gato não apenas respondia de maneira positiva como também começou a tocar notas musicais para se comunicar com Nuala.

Quando Nuala desenvolveu uma doença debilitante, Tinky, sintonizado com a fragilidade de sua amiga, permaneceu ao seu lado na cama. Durante sua longa recuperação, o vínculo entre os dois consolidou-se. Nuala recuperou a saúde e continuou a compartilhar seu amor pela música com o gato. "Diversas vezes", diz Nuala, "Tinky tocava até seis notas em uma oitava com a pata direita. Depois dos aplausos, ele podia decidir tocar algumas notas mais baixas com a pata esquerda. Sem dúvida, o gatinho de algum modo descobrira que eu tocava com as duas mãos e também usava as duas patas." Quando Tinky, já bem mais velho e debilitado, respirou pela última vez e morreu em casa, um pequeno grupo de nós sentiu muito sua perda. Nós nos reunimos onde ele foi enterrado, no quintal de Nuala e David, para compartilhar fotografias e poemas que evocavam sua vida.

Em *The Last Walk: Reflection on our Pets at the End of their Lives*, Jessica Pierce escreve comovida sobre as últimas semanas e a morte de seu cachorro, Ody. Ody era um viszla de quatorze anos. Em sua idade mais avançada, suas pernas ficaram seriamente atrofiadas, ele tinha demência e estava quase completamente cego e surdo. Pierce, uma bioeticista, trabalhou para descobrir o que significaria uma "boa morte" para Ody: o que ela devia ao cão e quais seriam o momento e o modo de morrer adequados para ele, e não apenas para o forte apego que ela tinha por ele.

É claro que nem sempre Ody fora doente. Durante muitos anos, ele fora parceiro de Pierce em corridas e trilhas de bicicleta. Mesmo agora, com sua saúde fraca, ela temia que o que lhe parecia uma vida terrivelmente debilitada não parecesse assim para Ody. Mas as coisas estavam piorando; Ody estava caindo e, incapaz de se levantar, ficava deitado em seu próprio cocô até alguém da família o encontrar. Por fim, Pierce combinou com um veterinário que viesse à sua casa para submeter seu companheiro à eutanásia.

Depois da morte de Ody, Pierce percebeu que, embora lancinante, o momento da eutanásia não fora o mais difícil. "Para mim", escreveu ela em *The Last Walk*, "a expectativa do luto – a sensação da perda iminente – foi de longe a pior etapa. Sofri com a morte de Ody até mesmo muito antes de ela estar próxima. O momento de sua morte foi forte e doloroso – o tipo de sofrimento que faz você se sentir como se estivesse se afogando. Mas isso não durou mais do que algumas horas."

O que mais gosto no texto de Pierce é de sua honestidade. Ela descreve Ody como "um de meus maiores amores e também meu fardo durante quatorze anos". Ody nem sempre teve uma saúde fraca, mas sempre foi um cachorro que exigia muita atenção – teimoso e neurótico, nas palavras de Pierce. Entendo o amor, e entendo o comentário sobre fardo também.

Na sala de minha casa, sobre o console da lareira, estão oito pequenas caixas de madeira de cerejeira. Cinco delas contêm as cinzas dos gatos da família; duas, as dos coelhos da família; e uma, a maior, os restos cremados de um cachorro do qual cuidamos quando meu cunhado morreu. Em cada caixa está fixada uma plaquinha com as palavras que escolhemos para lembrá-los. Sobre o agitado Gray and White, um grande gato feral que antes era orgulhoso e distante, mas que se apaixonou pela vida dentro de casa quando o trouxemos para dentro, a placa diz: "Alfa feral, que finalmente encontrou o amor que sempre mereceu." Para o quieto Michael, que viveu apenas três anos e o tempo todo lutou contra várias complicações de saúde, algo mais consiso: "O menino mais doce."

Alguns dos animais que perdemos exigiam muito apoio. Alguns eram teimosos e neuróticos.

Ainda sentimos a morte de todos eles, que eram nossos amigos.

11 SUICÍDIO ANIMAL?

Fazenda de ursos: este é um termo que causa espanto. Fazenda de galinhas, fazenda de bois, fazenda de porcos e até fazenda de bisões ou de lhamas, estes são lugares familiares. Passada a inocência da infância, carregamos imagens de animais de fazenda que nem sempre são bucólicas. Que os animais podem ser mortos de maneiras que estão longe de serem humanitárias, isso é algo que sabemos. Às vezes, uma camada extra de informações põe a situação sob um foco terrível; a descrição de Annie Potts, em seu livro *Chicken*, do que ocorre em abatedouros de frangos me atormenta demais para que eu repita os detalhes aqui. Qualquer que seja a maneira como reagimos a esse conhecimento – adotando uma dieta vegetariana ou vegana, ou optando por um frango caipira de fazendas locais, ou comendo carne de alguma fonte viável –, a criação de frangos, vacas e porcos é uma prática familiar.

A criação de ursos, não; pelo menos não era para mim até bem recentemente, quando uma das postagens do blog de Marc Bekoff chamou minha atenção: "Ursa mata filho e se mata em fazenda de ursos chinesa". Instantes depois, minha mente passou da absorção do conceito básico de "fazenda de ursos" para considerar o ponto principal do título. Suicídio de urso? Em agosto de 2011, primeiro a mídia chinesa e depois alguma mídia ocidental publicaram relatos sobre o incidente ao qual Bekoff se refere. O *Daily Mail* britânico *on-line*, que não é uma organização conhecida por sua circunspeção jornalística, declarou em seu título: "O sacrifício supremo: mãe ursa mata seu filhote e a si mesma para salvá-lo de uma vida de tortura."

Para refletir com clareza sobre as ações dessa ursa, bem como sua possível relação com o luto dos ursos, preciso abordar rapidamente um assunto pavoroso: o que acontece numa fazenda de criação de ursos, mais corretamente chamada de fazenda de bile. Em toda a Ásia, da China ao Vietnã, passando pela Coreia do Sul, ursos são mantidos em cativeiro porque sua bile contém um composto considerado valioso em termos medicinais. Essa substância, chamada ácido ursodesoxicólico, ou UDCA, é considerada útil no combate de doenças do fígado, febres altas e outros males. Além disso, algumas empresas põem bile de urso em produtos como chiclete, pasta de dente e creme facial.

No que diz respeito à biologia, essa situação é complicada, porque não são apenas os ursos que produzem essa disputada bile. Muitos animais, inclusive os humanos, também a produzem, e um composto sintético chamado ursodiol foi criado recentemente e tem sido usado em tratamentos de cálculo biliar. Mas em vez de sinalizar o fim das fazendas de bile, essas alternativas aparentemente empurraram as coisas exatamente na direção errada. Em seu livro *Smiling Bears*, Else Poulsen registra que o surgimento dessas alternativas livres de bile de urso foi um tiro pela culatra para o bem-estar dos ursos, porque sua natureza artificial deu mais prestígio ao artigo genuíno. A bile extraída de ursos vivos tornou-se um troféu caro para um certo grupo endinheirado.

O livro de Poulsen traz um exemplo de cortar o coração sobre o que acontece nas fazendas de criação de ursos. (Se você quer evitar descrições claras de sofrimento animal, pule este parágrafo.) Na China, os ursos pretos asiáticos tornam-se nada mais do que máquinas de bile vivas. "Cada urso", escreve Poulsen, "fica permanentemente deitado num engradado de tela de arame, em formato de caixão, por toda a vida – anos – sendo capaz de mover apenas um braço para poder apanhar comida." Permanentemente é uma palavra excruciante, e aparece novamente em outras passagens de Poulsen: "Sem um anestésico apropriado, medicado apenas para ficar meio inconsciente, o urso é amarrado com cordas, e um cateter de metal, que acaba enferrujando, fica permanentemente preso à sua vesícula biliar, atravessando seu abdome." Com o passar do tempo, alguns ursos simplesmente enlouquecem. Incapazes de se libertar, eles batem a cabeça nas barras; o alívio da morte chega devagar demais.

As estimativas do número de ursos mantidos em cativeiro em fazendas de bile na Ásia variam, mas é quase certo que o número passe de mil. Um desses cativos era a mãe mencionada por Bekoff. A sequência de acontecimentos parece ter sido a seguinte: quando um funcionário da fazenda preparava-se para coletar a bile do filhote, este gritou de agonia. De algum modo, a mãe libertou-se, agarrou o filhote e o abraçou com tanta força que ele morreu estrangulado. Em seguida, ela correu de encontro a uma parede, bateu com a cabeça e morreu.

É claro que a descrição está longe de ser adequada. Faltam informações importantes. O que exatamente estava fazendo o funcionário? Como a mãe se libertou? De maneira igualmente significativa, considerei que a mãe não teve qualquer intenção, motivação ou emoção. Foi assim que me ensinaram a escrever sobre comportamento animal na pós-graduação, mas (como este livro atesta) não escrevo mais assim sobre animais. Proponho aqui uma versão alternativa para o ocorrido: o filhote gritou em agonia quando um funcionário se preparava para coletar sua bile. A mãe, agoniada com a dor de seu filhote querido, libertou-se e tirou a vida de seu bebê apertando-o para que ele não sofresse mais. Tomada por sua própria dor emocional, ela correu e, intencionalmente, bateu a cabeça contra uma parede, matando-se.

Qual das explicações é a mais correta? Em primeiro lugar, é difícil focar numa questão tão analítica quando bate tão forte a tristeza por esses dois ursos e muitos milhares de outros. Porém, as perguntas científicas subjacentes são importantes: poderia a mãe ursa – como algumas passagens de Poulsen sugerem ter sido possível – ter enlouquecido e se jogado contra o muro sem perceber o que estava fazendo? Alguns animais podem fazer uma escolha consciente de se matar? Uma testemunha citada numa notícia de jornal alegou que a mãe matou seu filhote "para salvá-lo de uma vida infernal". Será que alguns animais raciocinam até o nível necessário para motivar uma ação dessas? Será que os ursos executam o que, a rigor, é um assassinato misericordioso? Sabemos que o outro lado do amor é a tristeza; o outro lado da alegria compartilhada é a solitária dor da perda. Será que uma tristeza pode ser tão profunda a ponto de levar um animal a provocar a morte de um ente querido para libertá-lo do sofrimento físico?

Infelizmente, os detalhes sobre o comportamento da mãe ursa não são suficientes para se chegar a conclusões firmes nem mesmo sobre o que aconteceu, e, de qualquer modo, só pela observação não há como descobrir por que a mãe ursa fez o que fez. Mas não vamos permitir que ela e seu filhote sejam arquivados apenas como um mistério não resolvido. Em vez disso, vamos usar sua sina – e o comportamento da mãe, quaisquer que possam ter sido suas intenções – para acrescentar novas perguntas às outras que fizemos sobre o luto animal. Os animais se matam? Se o fazem, será que o luto é a motivação provável?

Em 1847 – doze anos antes de Charles Darwin publicar *A origem das espécies*, com sua teoria da evolução pela seleção natural – houve uma alusão a essa pergunta nas páginas da *Scientific American*. O animal em questão era uma gazela de Malta, mas, de alguma maneira, a história tem um paralelo com o que sabemos sobre a mãe ursa na China. A seguir, apresento a breve nota publicada há mais de cento e sessenta anos sob o título "Suicídio de uma gazela":

> "Um exemplo curioso de afeição no animal, que terminou de maneira fatal, aconteceu semana passada, na residência de campo do barão Gauci, em Malta. Depois de uma gazela fêmea morrer subitamente de algo que comera, o macho ficou diante do corpo morto de sua companheira, corneando cada um que tentava tocá-lo. Em seguida, dando um salto repentino, ele bateu a cabeça contra uma parede e caiu morto ao lado de sua companheira."

A morte da gazela fêmea foi por causas naturais, o que diferencia sua história da dos ursos. Mas há uma estranha coincidência: a gazela macho, assim como a ursa, jogou-se contra uma parede. Será que essas duas criaturas agiram de maneira tão dramática e fatal porque estavam tomadas pelas emoções da perda (no caso da gazela) e do sofrimento (no caso do urso)? Em 2011, revendo a breve nota sobre as gazelas, a blogueira Mary Karmelek, da *Scientific American*, considerou o suicídio devido à loucura causada pelo luto uma explicação improvável para as ações da gazela. Ela especula sobre outros motivos para seu comportamento fatal. Talvez o macho tivesse comido o mesmo alimento que provocou a morte da fêmea, mas no seu caso isso teria causado um dano neurológico e o levado a correr descontroladamente. Ou talvez seu salto tivesse dado errado. O salto da gazela ocorre quando, ao fugir de um predador, uma gazela salta no ar de modo que suas quatro patas saem do chão ao mesmo tempo. "O que pareceu um suicídio", escreve Karmelek, "pode ter sido a reação, num momento infeliz, da gazela macho aos predadores humanos."

> "Suicídio de urso, suicídio de gazela... há uma dúvida razoável em ambos os casos. Nas duas vezes, o animal agiu rapidamente, o que foi interpretado como um impulso espontâneo para morrer. Um comportamento precipitado desse tipo é uma característica básica de relatos que surgem quando alguém faz uma busca do termo "suicídio animal" no Google. A ideia de animais suicidando-se parece ser atraente, num sentido estranho, talvez por ser mais uma maneira de reconhecer a emoção animal e sentir uma afinidade com outras criaturas. Mas em boa parte do tempo o rótulo "suicídio" é claramente impreciso."

O exemplo clássico do mito do suicídio animal envolve os lêmingues. Nos Estados Unidos, todos já ouviram o clichê da utilização do lêmingue para caracterizar o comportamento de alguém. Ao ver uma amiga seguir uma tendência considerada de mau gosto, pode-se adverti-la para que não se deixe levar como num rebanho, dizendo: "Não seja tão lêmingue. Pense por si mesma!" A conformidade do lêmingue tem origem na ideia de que esses pequenos roedores despencam em massa dos penhascos, cada um indo atrás de seu predecessor até a beira e caindo para a morte. Há, porém, uma explicação em duas partes para o modo como toda essa noção fantasiosa teve início, e não tem nada a ver com suicídio.

A primeira parte envolve o comportamento natural da espécie. As populações de lêmingues tendem a passar por flutuações periódicas em seu tamanho, que podem ser significativas. Quando a densidade populacional aumenta muito, alguns lêmingues podem migrar para evitar a intensa disputa por recursos em sua área. É verdade que um grande número de lêmingues se movimenta como rebanho – eles não pulam simplesmente dos penhascos. O segundo e crucial ingrediente do mito foi fornecido por Hollywood, como explica a *ABC Science*, da Austrália. Em 1958, o estúdio de Walt Disney lançou um filme chamado *White Wilderness*. Para fazer o filme, eram necessários lêmingues, mas como não havia nenhum na locação, em Alberta, no Canadá, os produtores compraram alguns de crianças inuítes da região. A *ABC Science* conta: "A sequência da migração foi filmada pondo os lêmingues numa plataforma giratória coberta de neve e filmando isso de muitos ângulos diferentes. A sequência do mergulho do penhasco para a morte foi feita arrebanhando os lêmingues para um pequeno penhasco sobre um rio." Felizmente, nenhuma exploração de animais tão calculada poderia acontecer atualmente na indústria do cinema americano. No entanto, essa parte do filme da Disney ficou famosa na época e dela nasceu a lenda dos lêmingues.

O exemplo do lêmingue é interessante para uma discussão sobre a intencionalidade animal, porque o suicídio em massa (no mito) é visto como um comportamento coletivo insensato. A ideia não é que cada lêmingue deseja morrer e age de acordo com isso – é exatamente o oposto. Os lêmingues em sua maioria não têm noção do que o lêmingue que os lidera está fazendo e, portanto, todos perecem juntos.

Inevitavelmente, surgem questões quanto à definição de suicídio animal, assim como surgiram na definição do amor animal e na do luto animal. Será que o termo "suicídio animal" deveria estar restrito aos casos em que o animal agiu por meio de escolhas conscientes para pôr fim à sua vida? Nos casos da mãe ursa e da gazela macho, essa restrição não nos ajudaria muito. Em nenhum dos dois casos sabemos se houve uma escolha consciente. Mas o "suicídio" dos lêmingues seria descartado, e talvez a definição pudesse ajudar a excluir também outros candidatos a casos de suicídio animal.

Perto de Dumbarton, na Escócia, pode-se visitar um lugar chamado pelos moradores de "ponte do suicídio de cachorros". Ao longo dos últimos cinquenta anos mais ou menos, mais de seiscentos cachorros caíram da Overton Bridge para a morte. Com menções aos "cães suicidas" e aos "caninos camicases", a mídia faz sensacionalismo, deduzindo que os cães intencionalmente saltam para a morte. É forçar a credulidade, porém, pensar que centenas de cachorros (um de cada vez, não em grupo como os míticos lêmingues) podem optar por se matar nesse lugar (ou em qualquer outro). Então, o que está acontecendo?

Provavelmente a percepção dos cães está envolvida de algum modo. Os cães talvez farejem alguma presa que começam a seguir quando estão em cima da ponte. Conforme atestam fotografias, a arquitetura do lugar é tal que os cachorros que atravessam a ponte não teriam consciência da grande queda que existe além da beirada da ponte à esquerda ou à direita, porque, da perspectiva do olhar de um cão, só é visível um muro baixo. Os cães que pulam são vítimas, ao que parece, de uma estranha combinação de criatividade arquitetônica com a biologia de sua percepção. Não é preciso invocar nenhuma intenção consciente de suicídio. Os cachorros escoceses são um caso aberto e encerrado.

Mesmo assim, será que alguns animais sensíveis sentem tamanha dor emocional que agiriam com intenção de suicidar-se? O especialista em comportamento de mamíferos e treinador Richard O'Barry jura ter visto um golfinho optando por se matar bem diante de seus olhos. Esse golfinho era Kathy, uma das estrelas cetáceas de *Flipper*, programa de TV dos anos 1960 que eu adorava quando era criança. De acordo com O'Barry, Kathy fixou os olhos nele, mergulhou até o fundo do tanque e parou de respirar. "A indústria [de entretenimento animal] não quer que as pessoas pensem que os golfinhos são capazes de suicidar-se", disse ele à revista *Time* em 2010, "mas eles são criaturas autoconscientes com um cérebro maior do que o humano. Se a vida torna-se insuportável, eles simplesmente não fazem a respiração seguinte. Isso é suicídio."

A *Time* apresentou essa recordação de O'Barry numa história sobre o filme *A enseada*, que ganhou o Oscar de "melhor documentário" em 2009. Dirigido por Louis Psihoyos, o filme conta a história do ativismo de O'Barry contra uma prática abominável que acontece todo ano em uma cidadezinha japonesa de Taijii: a matança de milhares de golfinhos, durante seis de cada doze meses. (Não consegui assistir ao documentário, porque em algumas cenas a câmera registra a lenta e agonizante morte dos golfinhos.) Essa prática brutal, movida pelo negócio lucrativo de vender a carne de golfinho como se fosse carne de baleia, permaneceu em grande parte secreta até *A enseada* fazer sucesso. O'Barry salienta que a maioria do povo japonês não tinha consciência disso, assim como todas as outras pessoas. O local da enseada é isolado e os matadores de golfinhos estavam bastante determinados a manter sua atividade em sigilo.

Foi a história de O'Barry com os golfinhos que o levou ao ativismo animal e a seu objetivo de expor a um público amplo o massacre de golfinhos no Japão. Na década de 1960, ele capturou cinco golfinhos e os treinou para atuar em *Flipper*. Depois que os cinco já estavam instalados no Miami Seaquarium, O'Barry passou incontáveis horas em sua companhia. Quando o programa começou a ir ao ar, toda noite de sexta-feira, às 19h30min, ele e os golfinhos assistiam juntos num aparelho de TV trazido para a beira da água. Foi quando O'Barry descobriu que esses animais são autoconscientes: os golfinhos – incluindo Kathy – reconheciam a si próprios na telinha.

Para sustentar sua alegação de que Kathy cometeu suicídio em seu tanque, O' Barry indica a maneira pela qual os golfinhos respiram. Para os humanos, respirar é um processo automático que não exige um pensamento consciente. Respiramos naturalmente mesmo quando estamos em sono profundo, e raramente pensamos em nossa respiração durante o dia, exceto em circunstâncias especiais, como um exercício difícil ou um momento de perturbação emocional. Neste momento, enquanto digito no computador, estou atentamente focada em encontrar as palavras certas para transmitir minhas ideias; eu inalo e exalo sem sequer estar consciente de fazer isso. Como são "respiradores conscientes", os golfinhos não gozam desse luxo; eles precisam se focar na tomada de ar a cada respiração. De acordo com O'Barry, quando um golfinho fisicamente saudável opta por não respirar, pretende provocar sua própria morte.

Quando vinte e seis golfinhos morreram na costa da Cornualha, na Inglaterra, no verão de 2008, uma especialista sugeriu o suicídio como uma explicação possível. Os golfinhos encalharam em quatro lugares distintos, num rio do sul da Cornualha. Quando se soube do encalhe, equipes de resgate correram para o local e conseguiram salvar cerca de dez a quatorze outros (nos frenéticos momentos do resgate, parece que não foi feita uma boa contagem). Por motivos que ninguém compreende, os golfinhos que morreram haviam ingerido uma grande quantidade de lama; seus pulmões e estômagos estavam simplesmente cheios de lama. Curiosamente, nenhum peixe foi encontrado no estômago dos golfinhos; portanto, a ideia de que as criaturas encalharam quando buscavam comida foi descartada.

Ao relatar a morte em massa, o jornal inglês *The Guardian* citou uma patologista que examinou os animais para a Zoological Society de Londres. Vic Simpson disse ao repórter: "À primeira vista, parece uma espécie de suicídio em massa. Temos visto encalhes em praias, às vezes de cinco a sete golfinhos, mas nunca numa escala como essa." O'Barry, portanto, não é uma voz isolada ao alegar a possibilidade de suicídio de golfinhos.

Mas qual poderia ter sido a motivação dos golfinhos para encalhar? Diferentemente de Kathy, mantida em cativeiro por pessoas da indústria de entretenimento, ali estavam animais saudáveis (fato confirmado pela autópsia) nadando livres na natureza. Conforme se revelou, na época da morte dos golfinhos, a Marinha Real Britânica estava realizando exercícios com sonar na área. O Ministério de Defesa apressou-se a declarar que esses exercícios eram distantes demais para perturbar os golfinhos, mas talvez esta continue sendo uma questão em aberto. Poderia o sonar ter levado os golfinhos a ficar confusos e em pânico? Seja como for, não me parece que a hipótese de suicídio esteja descartada pela hipótese do sonar. Se a biologia dos golfinhos foi afetada pelo sonar a ponto de se sentirem significativamente desorientados, será que esses animais poderiam ter optado conscientemente por se jogar na praia? Acontecimentos terríveis podem levar animais (incluindo os humanos) a entrar num estado emocional tão intenso que eles se comportam de maneiras que os levam à morte. A duração desse estado pode ser breve ou prolongado. À minha mente vem o angustiado Flint, o jovem chimpanzé que morreu logo depois de sua mãe morrer. Vimos que vários animais, de macacos a coelhos, podem reagir a um trauma emocional fechando-se emocionalmente.

Com exemplos como esses – o golfinho Kathy, os golfinhos da Cornualha e o chimpanzé Flint – penetramos na área delicada da saúde mental animal. Para começar, nem todo exemplo de autoagressão, até mesmo em humanos, tem origem no impulso para o suicídio. Às vezes, a depressão leva à incapacidade de cuidar de si mesmo ou de comer e dormir de maneira apropriada, mas essa situação pode existir separadamente de qualquer desejo de morrer. Pode ser que não haja ligação alguma entre autoagressões diretas e suicídio: a American Psychiatric Association observa que, entre meninas adolescentes, a infeliz tendência de se cortar é uma forma de autoagressão, mas não um comportamento suicida. Na verdade, a maioria dos profissionais de saúde mental vê aqueles que cortam a própria carne com lâminas ou facas como pessoas que estão tentando ajudar a si mesmas (embora de uma maneira prejudicial e perigosa que indica uma necessidade de ajuda), uma vez que a dor do ferimento físico alivia temporariamente sua dor emocional mais profunda.

A autoagressão não está limitada aos humanos. Nós a vemos em chimpanzés cativos – e não apenas chimpanzés submetidos a repetidos procedimentos biomédicos em laboratórios. Os cientistas Lucy Birkett e Nicholas Newton-Fisher coletaram dados sobre quarenta chimpanzés que habitam socialmente em seis zoológicos dos Estados Unidos e do Reino Unido, que perfazem mil e duzentas horas. Embora grande parte do comportamento dos macacos tenha sido considerada normal, as anormalidades tiveram uma predominância suficiente para que fossem consideradas "endêmicas". Os chimpanzés balançavam-se repetidamente, mordiam a si mesmos, arrancavam seus próprios pelos e comiam suas fezes. Não foram relatados suicídios. Alguns comportamentos ocorreram em níveis baixos e por períodos breves, mas vale notar que cada um dos quarenta chimpanzés mostrou algum tipo de anormalidade, enquanto em amostras coletadas durante mil e vinte e três horas, tendo como foco chimpanzés selvagens em Uganda, nenhum comportamento anormal foi observado.

Porém, considerando o que sabemos sobre o transtorno do estresse pós-traumático (TEPT) em elefantes selvagens, eu não descartaria a possibilidade de comportamentos anormais em populações de chimpanzés selvagens que vivem em regiões onde os macacos são ameaçados por humanos. Quando a ligação de elefantes às suas famílias é rompida devido à caça ilegal ou a uma guerra, o resultado é um colapso no comportamento normal e na cultura dos elefantes. Gay Bradshaw e seus colaboradores (incluindo os pesquisadores de elefantes de longa data em Amboseli) publicaram um relato sobre esse efeito na *Nature*. Em zonas de matança de elefantes, o TEPT desses animais provém em parte de sua capacidade de sofrer com a morte de membros de suas famílias. Com esses elefantes em mente, podemos ver que os chimpanzés de zoológicos voltaram contra si próprios sua fonte de emoção: a emoção sentida, nesse caso, não pela perda da vida de outros e por vínculos rompidos, mas por uma vida drasticamente limitada em termos físicos, cognitivos e emocionais.

Nesse emaranhado de ligações entre depressão, autoagressão e suicídio de animais, destacam-se duas lições entrelaçadas. Primeira, nossa espécie é parte do problema e precisa ser parte da solução. Respostas compassivas salvaram alguns dos golfinhos encalhados na Cornualha e fortalecem a luta de ativistas contra a caça ilegal de elefantes por causa do marfim. A consciência compassiva leva à percepção de que muitos animais mantidos atualmente em cativeiro – entre os quais elefantes, grandes macacos e golfinhos – deveriam estar vivendo, se não em reservas protegidas na natureza, em santuários. Mesmo zoológicos bem-intencionados simplesmente não podem proporcionar saúde psicológica a essas criaturas. As fazendas de bile que aprisionam ursos passam dos limites nos danos que causam aos animais; nenhum lugar assim deveria ter permissão para existir.

A segunda lição envolve o luto animal: nós, humanos, não estudamos o fenômeno do luto animal. Num sentido amplo, também o causamos. Produzimos condições na natureza e em cativeiro que levam animais a sentir uma espécie de luto por si mesmos e, de vez em quando, a sentir empatia pelo sofrimento de outros. O que quer que tenha levado a mãe ursa a correr de encontro à parede na fazenda de bile chinesa, no fim das contas, foi o comportamento humano – a ganância humana juntamente com a insensibilidade ao sofrimento animal – que a matou.

12 O LUTO DOS MACACOS

O dia é 22 de novembro de 1968. No início desse mês, Richard Nixon venceu Hubert Humphrey na eleição presidencial americana. Uma enorme operação no Vietnã deu início a uma destruição no Caminho de Ho Chi Minh que, com o passar do tempo, resultaria no lançamento de três milhões de toneladas de bombas sobre Laos. A Universidade de Yale começou a aceitar mulheres. E, exatamente nesse dia, os Beatles lançaram o Álbum Branco.

Nas florestas da Tanzânia, os ecos desses acontecimentos políticos e culturais são fracos. Ali, soam no ar os gritos dos chimpanzés. Na população de Gombe Stream, chimpanzés – alguns excitados, outros mais calmos – estão prestes a se tornar nomes familiares para aficionados de comportamento animal: Flo, Fifi, David Graybeard e Goliath. Em 1968, esses chimpanzés já estavam sendo observados havia oito anos por Jane Goodall, que não mais é contestada como garota da capa da *National Geographic* agora que suas descobertas sobre o uso de ferramentas e a caça sacudiram o mundo científico.

Nessa manhã, Geza Teleki e Ruth Davis, pesquisadores de Gombe, seguem um grupo de chimpanzés que caminha pela densa vegetação rasteira. Dedicados estudantes do comportamento dos macacos, Teleki e Davis estavam noivos. Nenhum dos dois tinha consciência, é claro, que antes do fim daquele ano Davis estaria morta. Goodall faz um agradecimento emocionado a Davis e a suas "longas e árduas horas" passadas em Gombe em seu livro *In the Shadow of Man*. "Pode ter sido devido à exaustão física", escreve Goodall, "que um dia, em 1968, Ruth caiu da beira de um precipício e morreu na hora. Seu corpo só foi encontrado depois de uma busca de seis dias." Davis foi enterrada em Gombe. "Sua sepultura está cercada pela floresta", observa Goodall, "e reverbera, de vez em quando, com os gritos dos chimpanzés quando eles passam por ali."

Por uma terrível ironia, nessa manhã de novembro de 1968, Teleki e Davis observavam o que acontecera imediatamente após a morte de um chimpanzé que caiu. Eles chegam a uma clareira onde os chimpanzés, conforme Teleki mais tarde escreveria, "irrompem em frenética atividade e gritos estridentes, incluindo guinchos, choros, berros e gritos de *waa* e *wraaah*". Num leito de rio seco, dentro de uma vala, o chimpanzé Rix está deitado, inerte. Mais tarde, uma necropsia indicaria que seu pescoço quebrara, causando sua morte instantânea. Teleki e Davis deixaram de testemunhar o que deve ter sido uma queda dramática de Rix de uma figueira ou palmeira próxima, ocorrida provavelmente quando ele estava comendo ou descansando.

O artigo de Teleki oferece uma reconstituição minuciosa dos acontecimentos que ele e Davis observaram entre 8h38min e 12h16min, e que contaram num gravador que tinham à mão para posterior transcrição. O mais impressionante nesse relato é a prolongada atenção que dezesseis chimpanzés prestaram ao corpo de Rix – e o modo como essa atenção varia. Os chimpanzés estão muito excitados após a queda de Rix, mas não há uma expressão uniforme dessa excitação. Assim como vimos na Costa do Marfim, onde o chimpanzé Brutus serviu de porteiro, determinando quais macacos tinham permissão para se aproximar do cadáver da fêmea Tina, os laços pessoais dos macacos de Gombe e as diferenças de personalidade exercem um papel nas reações variadas ao corpo de Rix.

A morte chegou de repente à comunidade de Gombe e as respostas dos macacos emergem como parte de uma situação que se desenvolve rapidamente. Na pequena área em torno do corpo estendido e sem vida de Rix, um trio de comportamentos selvagens está se manifestando. "Ações agressivas, submissas e de tranquilização são realizadas", escreve Teleki, "em alta frequência e intensidade por quase todos os presentes, com muitas mudanças rápidas de atitude." Observemos os machos Hugo e Godi como uma amostragem de algumas variações individuais – e mercuriais – nos chimpanzés.

Hugo exibe-se com vigor e, em determinado momento, atira várias pedras grandes na direção do corpo, que não atingem Rix. Logo depois, fica quieto (embora seu pelo ainda esteja eriçado, um sinal de excitação) e senta-se numa pedra, onde outro macho junta-se a ele. Hugo levanta-se, posiciona-se bem ao lado do corpo e o olha fixamente durante vários minutos. Em seguida, reinicia sua demonstração de muita energia, correndo para longe do cadáver. Mais tarde, próximo ao corpo, ele se acasala com uma fêmea. Quando, muito mais tarde, o macho Hugh afasta-se do local da morte, outros chimpanzés o acompanham, inclusive Hugo, após uma última observação atenta de Rix.

Godi, um adolescente, reage de maneira um pouco diferente. Ele vocaliza mais persistentemente do que Hugo, emitindo gritos de *wraaah*. Aproximando-se do corpo, ele o olha fixamente enquanto choraminga e faz outras vocalizações. Para Teleki, ele parece "extremamente agitado, mais do que qualquer um dos outros". Ao longo das horas seguintes, Godi olha o corpo de perto. Às 11h45min, perto da hora em que o grupo parte, ele é o único chimpanzé que ainda observa Rix.

À primeira vista, pode parecer que as respostas de Hugo e Godi à morte de Rix diferiram apenas um pouco. Ambos mostraram sinais de excitação e nenhum dos dois – na verdade, nenhum chimpanzé presente – tocou o corpo em momento algum durante as observações de Teleki e Davis, após as quais os macacos foram embora. Dessa maneira, os chimpanzés de Gombe, em suas respostas à morte de Rix, diferem um pouco dos chimpanzés de Tai em suas respostas à morte de Tina. Em Tai, o toque foi um elemento importante na reação do grupo.

Teleki faz questão de observar, porém, a "atuação excepcional" de Godi naquela manhã. Ele não agiu como os outros chimpanzés de três maneiras: sua proximidade com o corpo; seu nível de agitação; e a frequência de seus gritos de *wraah*. Os gritos de *wraah* são "agudos, repetitivos, lamuriantes", escreve Teleki, "podendo alcançar um quilômetro e meio ou mais ao longo dos funis acústicos dos vales íngremes, transmitindo um estado emocional intenso que não pode ser comunicado adequadamente em palavras".

Embora não tenha tocado o corpo, Godi estava emocionalmente afetado pelo que acontecera a Rix. Afinal de contas, ele costumava acompanhar o chimpanzé agora morto em suas excursões diárias. Também pode-se argumentar que o comportamento de Godi derivou de sua sensibilidade elevada a uma espécie de contágio que mobilizou momentaneamente os chimpanzés quando eles se exibiram, gritaram, acasalaram-se e, de modo geral, agiram com grande excitação em torno do corpo. E como os chimpanzés às vezes dão gritos de *wraah* quando encontram humanos estranhos ou um búfalo-do-cabo, ou quando dois grupos encontram-se, bem como quando veem babuínos ou chimpanzés mortos, o uso desses gritos por Godi não nos ajuda realmente a entender o que ele estava sentindo. Certamente não podemos apresentar um argumento incontestável de que Godi ou qualquer outro macaco reconheceu a morte de Rix como tal. "Permanece incerto", conclui Teleki, "se algum participante entendeu a diferença conceitual entre vida e morte."

Mas perguntas insistentes emergem, baseadas no peso cumulativo daquilo que se sabe sobre chimpanzés e morte. Por que um parceiro social do macaco falecido não sentiria uma forte emoção diante de seu companheiro deitado sem vida? Por que uma comunidade formada por seres intensamente sociais não responderia como comunidade quando um dos seus morresse? A coreografia de vínculos fortes dentro de famílias e entre aliados sociais é o pano de fundo constante dos eventos da vida dos chimpanzés. Não podemos entender o que um chimpanzé faz se estiver fora das dinâmicas sociais que o cercam, do mesmo modo que não podemos entender o comportamento de uma pessoa ao observá-la em seu isolamento.

E vimos o que aconteceu quando Tina morreu em Tai. Tarzan, seu irmãozinho, claramente demonstrou alguma emoção e teve permissão para expressá-la, precisamente porque o macho Brutus assumiu o controle sobre quais chimpanzés tinham permissão para se aproximar do corpo e porque Brutus reconheceu o *status* de parentesco de Tarzan com Tina.

Atiçados pelas observações extraordinárias e raríssimas das respostas dos chimpanzés à morte na natureza, cientistas de zoológicos estão prestando muita atenção às mortes em cativeiro. Num parque de safári escocês, quando uma fêmea de chimpanzé idosa adoeceu, os funcionários previram sua morte e ligaram a câmera de vídeo.

No parque, duas duplas de mãe e filhote viviam juntas: Pansy, a fêmea que estava morrendo e cuja idade estimada estava em torno dos cinquenta, e sua filha Rosie, de vinte anos; além de Blossom, uma fêmea mais ou menos da idade de Pansy, e seu filho Chippy, de trinta anos. Os macacos estavam em seu ambiente de inverno aquecido quando Pansy, apática havia algumas semanas, começou a respirar com dificuldade. Os companheiros de Pansy pareciam conscientes de que algo estava errado; nos dez minutos que antecederam sua morte, eles a limparam ou a afagaram com uma intensidade que os observadores consideraram maior do que a habitual. Bem perto do presumido momento da morte, membros do grupo mantinham-se muito ativos. Na revista *Current Biology*, James Anderson e seus colaboradores descreveram o que aconteceu com admirável precisão:

16h24min21s Chippy agacha-se sobre a cabeça de Pansy e parece tentar abrir sua boca. Rosie aproxima-se da cabeça de Pansy.

16h24min25s Blossom, Chippy e Rosie viram-se simultaneamente para a cabeça de Pansy. Chippy e Rosie estão agachados sobre a cabeça de Pansy. Chippy puxa o rosto de Blossom para o de Pansy.

16h24min36s Rosie move-se da cabeça para o torso de Pansy. Blossom afasta-se de Pansy. Chippy levanta-se e balança o ombro e o braço esquerdos de Pansy.

Os chimpanzés continuam a afagar e limpar Pansy. Às 16h36min56s, Chippy "pula no ar, abaixa as duas mãos e bate no torso de Pansy, em seguida, corre para fora da plataforma". Esse comportamento surpreendente difere significativamente das exibições do macho Hugo jogando pedras perto do corpo de Rix, na natureza. Chippy ataca Pansy. Mas diante do corpo de Tina alguns machos exibiram-se agressivamente em torno do cadáver, e até o arrastaram por distâncias curtas. Quando o macho Ulysse moveu o corpo de Tina por aproximadamente dois metros, foi Brutus quem o arrastou de volta ao local original.

O comportamento de Chippy, portanto, não está muito distante do que os chimpanzés machos fazem na natureza diante de uma morte. Estaria ele expressando raiva ou preocupação? Estaria ele tentando obter algum tipo de resposta de sua companheira de jaula imóvel? As duas possibilidades pareceram prováveis para Anderson e seus colaboradores.

O comportamento dos companheiros de Pansy permaneceu atípico durante a noite e depois. (Dados desse tipo são improváveis em observações na natureza, porque os chimpanzés selvagens logo se afastam do cadáver.) Os sobreviventes de Pansy tiveram um sono irregular. A filha Rosie permaneceu perto do corpo. Diferentemente dos momentos anteriores à morte, nenhum dos animais limpou o corpo de Pansy, embora Chippy tenha atacado o cadáver mais três vezes durante a noite.

No dia seguinte, os sobreviventes ficaram "profundamente desanimados". Em silêncio, os macacos viram os funcionários do zoológico removerem o corpo de Pansy. Nas cinco noites seguintes, nenhum dos chimpanzés dormiu na plataforma onde Pansy morrera, embora antes preferissem esse lugar. Durante semanas, eles permaneceram quietos e comeram menos do que o habitual. Esses sinais de luto animal – a rotina alterada, o humor perturbado – são, a esta altura, familiares.

Observações como essas são importantes não apenas para compreendermos os macacos, mas para a própria vida dos macacos – ou seja, para a dignidade com que os tratamos mesmo quando os mantemos cativos. O crescente banco de dados sobre as respostas dos primatas à morte está fomentando uma revolução no modo como primatas cativos são tratados quando um animal de seu grupo morre. Como vimos no parque escocês, pode-se oferecer aos macacos uma chance de passar algum tempo com um companheiro falecido e de ver, mais tarde, o corpo sendo levado.

No Brookfield Zoo, em Chicago, a gorila Babs sofria de uma doença incurável nos rins e foi submetida à eutanásia aos trinta anos de idade. Funcionários do zoológico organizaram o que chamaram de "um velório" para os companheiros de Babs. Gorilas de diferentes gerações estiveram presentes, alguns visivelmente emocionados. A Associated Press relatou o evento da seguinte maneira:

> "A filha de nove anos de Babs, Bana, foi a primeira a se aproximar do corpo, seguida da mãe de Babs, Alpha, de quarenta e três. Bana sentou-se, segurou a mão de Babs e afagou a barriga de sua mãe. Em seguida, sentou-se e deitou a cabeça sobre o braço de Babs... Bana levantou-se, olhou para nós, foi para o outro lado de Babs, enfiou a cabeça embaixo do outro braço e afagou sua barriga."

Reconhecemos aqui o luto de um filhote confrontado com o corpo totalmente inerte de um parente amado. Durante toda a sua vida, Bana estivera perto de sua mãe. Sua necessidade de tocar, de sentir sua mãe num sentido literal, é notável: nós, primatas, somos criaturas táteis. Os outros companheiros de jaula de Babs aproximaram-se dela também. Koola, de nove anos, chegou perto com sua filha pequena, um bebê que recebera o afeto de Babs durante sua jovem vida.

Ramar, um gorila de dorso prateado, de trinta e seis anos, permaneceu afastado de Babs. Alguns gorilas machos são distantes assim; outros não. No Franklin Park Zoo, a gorila Bebe foi submetida à eutanásia para ser poupada da dor que acompanhava tumores malignos em seu corpo. Diane Fernandes, na época curadora de pesquisas no Franklin Park e agora diretora do Buffalo Zoo, recorda a reação do companheiro de Bebe:

> "A princípio deixamos o macho Bobby com o corpo e ele tentou reanimá-lo, tocando-o suavemente, vocalizando e até

pondo sua comida preferida (aipo) em sua mão. Quando se deu conta de que ela estava morta, ele começou a emitir um assobio suave, mas em seguida começou a choramingar e bater nas barras. Foi claramente uma demonstração de imensa dor e foi muito triste assistir."

Fernandes não mostra hesitação alguma em aplicar termos cognitivos e emocionais àquilo que Bobby sentiu quando Bebe morreu. A pesquisadora diz que o gorila percebeu o fato da morte. Por mais obscuros que os processos mentais de Bobby possam permanecer para nós, a sequência de seus comportamentos sustentam essa conclusão. A comida preferida de Bebe provavelmente lhe foi oferecida como presente porque Bobby pensou que ela estava viva – ou esperou que estivesse – ou porque ele quis de algum modo encorajá-la, reanimá-la com uma experiência sensorial que ela adorava. Quando essa estratégia fracassou, Bobby explodiu em tristeza.

O Franklin Park Zoo permitiu que Bobby passasse algum tempo sozinho com o corpo de sua companheira, e depois outros três gorilas se aproximaram. Esses macacos, relembra Fernandes, também tocaram o corpo de Bebe, "como que para despertar alguém que estava dormindo". Mas, diferentemente de Bobby, eles não vocalizaram. Talvez não tenham dado o salto cognitivo que suspeito que Bobby tenha dado, ou talvez apenas tenham expressado seu luto de modo diferente.

Do acontecimento no Franklin Park surgem algumas perguntas que talvez possam orientar futuras pesquisas: macacos sobreviventes tentam rotineiramente reanimar um macaco morto? Essas tentativas depois cessam porque, conforme aparentemente aconteceu com Bobby, um salto cognitivo é dado e o fato da morte é compreendido? Ou, em vez disso, os sobreviventes continuam a procurar pelo macaco que morreu? Os comportamentos de luto e de procura coexistem no mesmo animal? E como esses comportamentos variáveis se apresentam em indivíduos que têm relações diferentes com o falecido?

Tendo passado centenas de horas observando, filmando e analisando o comportamento de famílias de gorilas, não me surpreende que os funcionários do zoológico "acreditem" que os gorilas sentem a dor da perda, embora muitas perguntas ainda permaneçam sem resposta. Roseann Giambro, que cuida de animais no Pittsburgh Zoo, diz que no fundo ela sabe, pelo que viu, que os gorilas sentem essa dor. Entendo esse sentimento e, ao mesmo tempo, sei que ele deve servir de base para testar hipóteses. Funcionários de zoológicos poderiam registrar não apenas as ações dos gorilas, mas também a qualidade das ações: a lentidão dos músculos de um macaco de luto, a ansiedade nos movimentos de um macaco que está à procura de outro desaparecido, um tom desvairado e lúgubre num grito compartilhado com o grupo (ou, é claro, a ausência desses fatores). Com frequência sobrecarregados de trabalho, funcionários de zoológicos podem ter dificuldade de suplementar suas tarefas diárias com um cronograma detalhado das respostas dos gorilas e com anotações sobre a qualidade dessas respostas. Mas esta é a melhor maneira de descobrir se o comportamento em duas etapas do gorila Bobby – primeiro tentando reanimar o animal morto e depois sofrendo com sua morte – pode-se repetir alhures quando macacos cativos morrem.

Em Pittsburgh, duas mortes, com oito anos de separação entre elas, são fortes lembranças de Giambro. Em 1997, uma fêmea chamada Becky morreu. As causas permaneceram indeterminadas, mas Becky estava na casa dos quarenta anos, o que representa um bom tempo de vida para um gorila. Durante semanas depois disso, seu companheiro mais próximo, Mimbo, olhou fixamente para o lugar onde ela morrera e se recusava a passar por aquele espaço. Tufani, uma fêmea mais jovem, reagiu de maneira diferente. Num estado ansioso, gritando e correndo pelo cercado, ela procurava por Becky. Para mim, parece provável que, com a sabedoria da idade e da experiência, Mimbo tenha entendido que sua amiga se fora, assim como Bobby aparentemente agira em relação a Bebe. Tufani, em contraste, pode não ter tido essa compreensão por ser mais jovem e porque a morte era algo mais novo para ela. As respostas dos dois gorilas podem nos indicar, mais uma vez, uma variação nos hábitos de luto de acordo com a personalidade.

O macho do dorso prateado Mimbo também viveu até mais ou menos seus quarenta e tantos anos. Quando morreu, por problemas no fígado, seu filho Mrithi, de treze anos, arrastou o corpo do pai com as mãos e os pés. A fêmea Zakula, que gerara três filhotes de Mimbo, também empurrou o corpo, como se exortasse Mimbo a se levantar, e o limpou. Os gorilas vocalizaram de maneira incomum, que soou "lúgubre" para Giambro. Até que saíram do local e os funcionários do zoológico removeram o corpo de Mimbo. Quando voltaram para o cercado, os gorilas procuraram pelo companheiro morto. Durante uma semana, o comportamento do grupo estava significativamente abalado, inclusive sua alimentação. Aos poucos, Mrithi teve permissão das fêmeas para assumir uma posição de liderança, e a vida dos gorilas estabilizou-se.

Depois da morte de Mimbo, não houve qualquer mudança clara – como acho que provavelmente aconteceu com Bobby depois da morte de Bebe e com o próprio Mimbo depois da morte de Becky – de uma espécie de modo "procura e resgate" para um modo de luto. Só aos poucos os companheiros do grupo de Mimbo passaram a aceitar sua ausência, apesar da oportunidade de ver diretamente seu corpo depois de sua morte.

Mesmo nesse estágio inicial, com tanto a ser descoberto sobre a resposta dos macacos à morte em situações de cativeiro, fica uma grande mensagem. Um macaco pode morrer aos poucos, tornando-se cada vez mais fraco com uma doença ou com a idade. Ou pode morrer de repente – porque seu coração para, ou devido a um resultado inesperado na mesa cirúrgica, ou porque seus carinhosos cuidadores agem rapidamente para pôr fim à dor quando a morte é, de qualquer modo, inevitável. Os sobreviventes merecem uma chance de ficar com o corpo e tocá-lo, se quiserem. O resultado desse processo difere de acordo com o *status* de parentesco e a personalidade daquele que morreu, e, muito provavelmente, de acordo com a idade e o nível de conhecimento dos sobreviventes também. Mas, qualquer que seja o resultado, a oportunidade oferecida é uma gentileza merecida pelos primatas que formam fortes laços e sofrem com suas perdas.

Quando Rix morreu nas florestas de Gombe, a resposta dos chimpanzés à sua quietude repentina foi observada com aguda sensibilidade por Geza Teleki e Ruth Davis. Pouco depois, Davis sofreu sua própria queda fatal. Não conheço Geza Teleki pessoalmente, mas fico me perguntando: será que, em 1968, quando seu próprio luto era recente e terrível, ele sentiu uma ligação com os macacos que conhecia tão bem e que pouco tempo antes haviam, eles próprios, confrontado uma morte repentina? Acredito que Teleki acharia uma pergunta como essa respeitosa à memória de sua noiva. Como primatas, sentimos a dor da perda, e nisso temos companhia.

13 SOBRE A MORTE DE BISÕES EM YELLOWSTONE E OBITUÁRIOS DE ANIMAIS

Paradoxos proliferam no Yellowstone National Park, uma área selvagem que avança sobre uma vasta região de Wyoming e sobre pequenas partes de Montana e Idaho. No parque, caminho dentro da cratera do vulcão mais explosivo do mundo e fico maravilhada com seu poder. Quando o vulcão de Yellowstone entrar em erupção novamente, como os geólogos dizem que acontecerá (já está atrasado), as cinzas vão alterar a Terra de maneira tão drástica que a maioria das criaturas vivas não sobreviverá. Mesmo agora, a Terra ruge e cospe em Yellowstone, com seu poder controlado em exibição.

Ao mesmo tempo, o parque fervilha de vida: bisões, ursos, alces, coiotes, lobos e aves permitem que o visitante veja um ecossistema dinâmico em ação. Na primavera e no verão, os vales e as terras altas ficam repletos de filhotes. Os filhotes de mamíferos correm com suas pernas desajeitadas e buscam o leite de suas mães. Os graciosos bebês de bisões e alces fotografados em uma estação têm uma boa chance de se tornarem refeições de lobos e coiotes na estação seguinte. Como não é um parque natural administrado nem um zoológico de animais domados, Yellowstone é um lugar de lutas de vida ou morte. Em menor escala, essa luta é travada em nossos quintais também – pergunte a qualquer um que tenha um gato doméstico que volta para casa com "presentes" como pássaros, toupeiras ou sapos consumidos pela metade. No entanto, a grandiosa dimensão de quase novecentos mil hectares de Yellowstone e a gloriosa diversidade de sua fauna o tornam um lugar incomparavelmente intrigante para qualquer amante da natureza.

Os sentidos dos visitantes entram em alerta vermelho em Yellowstone por outro motivo: mesmo deixando de fora o vulcão, este é um lugar perigoso para nossa espécie também. *Death in Yellowstone: Accidents and Foolhardiness in the First National Park*, de Lee H. Whittlesey, é uma crônica estranhamente eletrizante sobre todas as maneiras possíveis de se perecer num belo ambiente.

Pontuando a paisagem de Yellowstone, há poços de cores brilhantes, azul safira e amarelo forte. Neles, vivem extremófilos, microrganismos minúsculos que proliferam sob o calor intenso e são capazes de causar uma morte violenta aos incautos e impulsivos. Em 1981, dois californianos de vinte e poucos anos visitaram a área Fountain Paint Pot do parque. O cachorro de um dos homens saiu de uma trilha e saltou para dentro de uma fonte de águas quentes, de noventa e quatro graus, chamada Celestine Pool. O que começou como uma tragédia canina tornou-se uma tragédia humana quando um dos homens, ignorando os apelos de pessoas próximas para que evitasse o perigo, mergulhou nas águas ferventes.

O homem voltou, mas sem o cachorro. A essa altura, era tarde demais para ambos. O cão morreu dentro do poço. O homem cambaleava, com os olhos totalmente brancos (e cegos). Outro visitante tentou ajudá-lo retirando seus sapatos, mas a pele saiu junto com eles. Mais tarde, "perto da primavera", relata Whittlesey, "guardas-florestais encontraram dois grandes pedaços de pele no formato de mãos humanas". O homem foi inicialmente levado para a clínica de Old Faithful e logo transferido para um hospital em Salk Lake City. Morreu ali na manhã seguinte.

No extremo oposto, entretanto, dos extremófilos da fonte de águas quentes está o animal icônico do parque nacional o bisão-americano. Para algumas pessoas, observa Whittlesey, esse búfalo é menos um animal potencialmente perigoso do que um símbolo romântico de um passado americano que desapareceu. "Muitos visitantes", escreve ele, "querem se aproximar dele, tocá-lo, estabelecer alguma ligação próxima com ele, como se isso pudesse de algum modo conectá-los com sua herança remota." Infelizmente, é mais provável que uma aproximação de um búfalo conecte uma pessoa a uma série de chifradas perfurantes. O serviço do parque adverte os visitantes por meio de placas fixadas e folhetos distribuídos, mas às vezes o romantismo vence o bom senso. O registro da primeira morte por um bisão é de 12 de julho de 1971. Um visitante de trinta anos, do estado de Washington, ficou a seis metros de um búfalo solitário para fotografá-lo. O bisão o atacou, lançando-o a uns quatro metros de distância com a força de seus chifres, que rasgaram a barriga do homem e feriram seu fígado. Ele morreu bem em frente a sua mulher e seus filhos, embora a família tivesse recebido um panfleto vermelho de "perigo" advertindo que não ficassem próximos demais dos animais selvagens do parque. Hoje em dia, talvez um folheto impresso não seja suficiente; um ou dois vídeos do YouTube mostrando turistas lançados por bisões, enviados para os telefones celulares dos visitantes, podem ser mais eficazes.

Mas não são apenas os imprudentes que estão em risco em Yellowstone. Durante minha visita ao parque, no fim do verão de 2011, só se falava sobre os ursos-pardos. Num período de doze meses, três caminhantes foram espancados até a morte por ursos que têm em Yellowstone o seu lar e reagiram à presença de humanos no que é basicamente a sala de estar deles, como se poderia esperar que um urso reagisse.

No entanto, o bom de Yellowstone é que o lugar é um convite para que mudemos nosso ponto de vista de nós mesmos para o de outras criaturas. Será que algum animal de Yellowstone sente quando um deles morre? Lendo um artigo de viagem no *New York Times*, eu soube que às vezes bisões caem nas fontes ferventes. Reluzindo nas profundezas quentes, seus ossos contam uma história de mortes repentinas, acidentais. Será que algum bisão já testemunhou essas mortes escaldantes e se afastou, sofrendo? Não sabemos. Mas acho que o bisão pode ser a chave para boas perguntas a serem feitas sobre os padrões de luto em Yellowstone.

Em 2007, durante minha primeira visita a Yellowstone, eu me interessei muito pelo bisão, um animal de grande importância para os humanos por muitos milênios. Pintores de cavernas desenharam bisões em imagens por toda a Europa da Era do Gelo, mostrando o aguçado poder perceptivo de nossos ancestrais em relação ao mundo natural. Mas o bisão não era representado apenas de maneira realista. Uma imagem impressionante na Caverna de Chauvet, na França, criada por uma artista que viveu há trinta mil anos, retrata uma criatura metade búfalo metade mulher. Nossos ancestrais caçadores e coletores pensavam simbolicamente em animais de maneiras que permanecem além de nosso alcance, mas que mexem com nossa imaginação.

Observar bisões em Yellowstone me levou de volta a meus tempos no Quênia. Ao seguir a pé os babuínos de Amboseli, para reunir dados sobre seus padrões de alimentação, eu costumava encontrar elefantes, leões, leopardos, hienas, javalis, rinocerontes e até o ocasional búfalo-do-cabo. Na época, fiz todo o possível para evitar uma proximidade com o búfalo-africano (sem falar dos grandes felinos). Eu era uma bípede vulnerável na savana, apavorada com os imensos chifres que poderiam, no mínimo, me espetar. Mas em Yellowstone, onde podia andar num veículo – e usar de bom senso quando saía dele –, eu não conseguia tirar os olhos da versão americana, o bisão das grandes planícies.

Nosso procedimento habitual para observar bisões é seguir de carro pelas estradas de Yellowstone para os vales de Hayden ou Lamar, localizar um rebanho de bisões e encostar o carro à beira da estrada. Os machos são peludos, bufam muito e têm constituição sólida. As fêmeas e os bebês, mais delicados, movem-se juntos na eterna dança mamífera de mamar e desmamar: muito depois de as mães estarem prontas para empurrá-los para a independência, os bebês querem continuar mamando. Ligados por um cordão invisível, essas mães e seus filhotes lembram-me dos babuínos: um bebê pula para longe da mãe, rola e salta brincando, e, então, parece subitamente perceber que está fora de sua zona de conforto e volta correndo para sua base domiciliar.

É uma emoção observar os grandes rebanhos de Yellowstone. Depois dos terríveis danos causados pelo massacre do fim do século

XIX, apenas vinte e cinco bisões sobreviveram – o total em todos os Estados Unidos, e todos localizados em Yellowstone. O decreto para preservação dos búfalos de Yellowstone, apresentado ao Congresso em 2005, mas nunca transformado em lei, observava que as proles dos sobreviventes hoje "compreendem o rebanho de búfalos de Yellowstone e são os únicos búfalos-americanos selvagens livres a ocupar continuamente seu hábitat nativo nos Estados Unidos". Comparados aos búfalos criados em fazendas, cujos genes há muito tempo foram misturados aos do gado doméstico, os búfalos de Yellowstone são geneticamente únicos: puros e selvagens.

Será que esses búfalos, que foram mortos em números assustadores e de maneiras terríveis por humanos, reagem com emoção à morte natural de seus semelhantes – por doenças, por predadores, por idade avançada, por caírem em poços quentes? O biólogo John Marzluff, cujo trabalho sobre corvídeos discuti no capítulo 8, lança uma luz tênue sobre esse assunto. Com um grupo de alunos, Marzluff investigou um recente local onde houvera morte causada por predadores em Yellowstone. Ao longo das duas semanas anteriores, predadores terrestres e aéreos haviam reduzido a ossos a carcaça de uma fêmea de bisão idosa. Perto dos restos do esqueleto havia um penedo "partido ao meio", escreve Marzluff, "por eras de congelamento e derretimento".

Quando professor e estudantes estavam no local, um rebanho de bisões veio em disparada, seguindo diretamente para a carcaça. Usando de bom senso, o grupo de pesquisa recuou e assistiu a distância. Os bisões permaneceram ali por quase uma hora. "Cada animal, de um grupo de três dúzias, caminhou até os ossos da ex-companheira e os cheirou", relata Marzluff. "Eles cheiraram os restos, a neve suja e a terra." Ao saírem, seguiram diretamente pelo meio do penedo partido e sumiram. "Esses animais", conclui Marzluff, "ainda são sensíveis a um evento passado." A explicação de Marzluff pode nos lembrar dos elefantes africanos que afagavam os ossos de entes queridos. Considerando a força emocional contida no testemunho desses eventos, podemos entender por que Marzluff descreve o que ele e seus alunos veem como "sacrossanto".

A esta altura, nosso mote já está batido, mas ainda é verdadeiro: pouco se sabe até agora sobre o luto dos bisões. Um documentário para a TV, *Radioactive Wolves*, sobre a vida selvagem florescente depois do desastre nuclear de 1986 em Chernobyl, focaliza um bando de lobos que se aproxima de um filhote de bisão. Os lobos não matam o filhote, que já estava morto no chão. Caçadores que também se alimentam de carniças que encontram, os lobos começaram a rasgar a pequena carcaça. Então, os bisões reagruparam-se e afugentaram os lobos. O vídeo chamou minha atenção quando o narrador observou que os adultos estavam "de luto" pelo filhote, como é "típico" dos bisões.

Mas onde está a ciência para sustentar essa noção? Um texto clássico sobre esse animal é *American Bison*, de Dale F. Lott. Em seu índice minucioso, os termos morte, tristeza e luto não aparecem em lugar algum. Todo o campo da emoção animal é difícil de ser estudado na natureza, e o velho bicho-papão do antropomorfismo ainda impede alguns cientistas de tentar coletar os dados necessários. Veja, porém, como Lott chama a primeira parte de seu livro: "Relações, Relações. Bisões são animais de rebanho, vivendo em condições sociais adequadas para a formação de fortes vínculos sociais e para o luto". Escrevendo sobre o grande drama da estação da procriação, Lott registra o seguinte: "Atração, rejeição, aceitação, competição e cooperação dentro e entre os sexos criam relações vitais, cativantes, geralmente de vida curta e mutáveis." Vida curta: não estamos falando aqui de vínculos monogâmicos duradouros. Mas os vínculos entre macho e fêmea existem, e é claro que os vínculos entre mãe e filhote também.

Um entrevistador certa vez me perguntou o que eu faria se tivesse recursos ilimitados para estudar o luto animal. A resposta curta? Eu iria a Yellowstone levando comigo esses recursos e um grande estoque de paciência. Nos bisões ou em outros grupos de animais, a morte não acontece diante dos olhos de um observador casual; estar presente no momento certo, ou logo depois, exigiria sorte, bem como persistência. Mas, conforme vimos, os indícios que apontam para o luto dos bisões são conhecidos. O comportamento do alce também é atraente. O biólogo Joel Berger trabalhou em algumas das paisagens mais inclementes (e frias) do mundo, de Yellowstone ao extremo leste da Rússia e à Mongólia, para aprender sobre o comportamento animal. Em Yellowstone, ele se concentrou, em parte, nos alces. "Assim como os pais conhecem o comportamento de seus filhos", escreve ele em seu livro *The Better to Eat You With: Fear in the Animal World*, "minha intenção era entender cada alce."

Uma fêmea de alce órfã assustou-se e correu mais de dois quilômetros quando Berger quis pôr um rádio-colar nela, parando em seguida no local exato onde sua mãe morrera. Outra fêmea de alce – esta, uma mãe – voltou repetidamente ao lugar onde seu filhote fora atingido por um carro, "aparentemente buscando o filhote do qual sentia falta". O que aconteceria se Berger, ou outros cientistas como ele, vigiassem a carcaça de um alce morto de causas naturais e observassem durante dias e semanas o que os outros alces fariam enquanto o corpo aos poucos se reduzisse a ossos? Será que os alces se desviariam de seu caminho para ver os ossos de um membro do rebanho, como fez o bisão de Marzluff e como fazem (veja o capítulo 5) os elefantes? Quando bisões, ou alces, ou outros animais encontram ossos de um membro de sua espécie, será que os examinam de maneira distanciada ou sentem algo enquanto olham? Nós, humanos, poderíamos notar a diferença? Será que um observador de bisões experiente nota indícios de uma reação emocional nos bisões após uma morte no grupo?

Será que os animais leem os ossos do grupo da mesma forma que lemos obituários? É uma ideia fantasiosa demais? Obituários bem escritos resumem com elegância uma vida em algumas passagens descritivas. Num paralelo, mas de natureza não linguística, os ossos remanescentes de um animal talvez façam o mesmo.

O resumo no obituário que acabei de mencionar pode causar tristeza ou mesmo parecer fútil ao olhar dos leitores. Será que oitenta longos anos de vida deveriam ser reduzidos a oito parágrafos curtos? A força vital emana, porém, desses haicais da vida, conforme descobri lendo regularmente a seção de obituários do *New York Times*. Esse hábito poderia ser interpretado como elitista, porque o *Times* tende a só noticiar a morte de famosos, mas, para mim, é aprender sobre vidas fascinantes que de outro modo eu não conheceria.

Uma mulher chamada Martha Mason morreu aos setenta e um anos depois de viver seis décadas dentro de um pulmão de aço. Na infância, Martha sofreu uma paralisia, resultado de uma poliomielite; a partir de então, seu hábitat passou a ser, conforme descreveu o obituário do *Times*, "um mundo horizontal, um cilindro de dois metros de comprimento e trezentos e sessenta e dois quilos". Na fotografia do obituário, a cabeça de cabelos brancos e óculos de Mason projeta-se para fora numa extremidade da máquina, que tem escotilhas nas laterais e parece um tipo de embarcação para pesquisas no fundo do mar. E, dali, Mason explorou o mundo. Presa ao pulmão, ela estudou no Wake Forest College; foi anfitriã de jantares e utilizou, nos últimos anos, um computador com ativação por voz para escrever *Breath*, suas memórias.

Quando meu medidor de impaciência dispara diante de alguma perturbação trivial, às vezes lembro-me de Mason. Enfrentando desafios nada triviais, ela não apenas suportou sua situação, como viveu com coragem e entusiasmo. Dessa maneira, a leitura de obituários pode me inspirar. Não é de surpreender que eu fique comovida especialmente com a vida de pessoas que amavam os animais. Em Vermont, o artista Stephen Huneck construiu a Dog Chapel, a capela do cão, onde pessoas e seus cães podem buscar momentos de serenidade interespécies. As janelas da igreja têm vitrais com imagens de cachorros; as paredes são cobertas de bilhetes de luto escritos à mão, descrevendo animais de estimação cuja falta é intensamente sentida. No alto da torre há um labrador alado. Espero que Huneck tenha, de algum modo, encontrado ele mesmo serenidade dentro da capela. Desesperado por ter sido obrigado a demitir a maioria dos funcionários de seu negócio de artes, ele cometeu suicídio aos sessenta e um anos.

Com a mesma idade, em 2012, Lawrence Anthony morreu de ataque cardíaco. Em 2003, pouco depois de os Estados Unidos invadirem o Iraque, Anthony salvou a vida de trinta e cinco animais que estavam morrendo de fome no Zoológico de Bagdá. Dos seiscentos e cinquenta animais que residiam ali no início da guerra, esses foram os únicos sobreviventes. Anthony também restaurou o zoológico, deixando-o em condições decentes. Eu sabia um pouco sobre seu trabalho até então, mas seu obituário coloriu os contornos de uma vida famosa. Trabalhando pela conservação de animais na África, Anthony ouvia Led Zeppelin e Deep Purple enquanto circulava pelo interior em seu Land Rover. Ele desenvolveu com os elefantes uma ligação mais profunda do que com qualquer outro animal, e seu obituário termina com um tom místico: "Os elefantes também sobrevivem a ele. Desde sua morte, disse seu filho Dylan aos repórteres, o rebanho vai todas as noites à sua casa, no limite da reserva deles."

Como um salão de espelhos, um obituário ilumina em nossa imaginação não apenas a pessoa que se foi, mas também uma vida que ecoou (e ecoa novamente) através do tempo e do espaço. Nele, lemos os nomes dos que já tinham falecido antes e dos sobreviventes, o passado e o futuro em continuidade ininterrupta. *Licor de dente-de-leão*, obra-prima de Ray Bradbury que retrata o verão de um menino em 1928, numa cidadezinha de Illinois, capta esse tema de vida-dentro-da-morte. Numa noite quente, Douglas Spaulding, de doze anos, passa a entender a inevitabilidade da morte. Ele abre um jarro cheio de vaga-lumes e os solta para uma liberdade evanescente. "Douglas os observou indo embora", escreve Bradbury. "Eles partiram como fragmentos pálidos de um crepúsculo final na história de um mundo que morria. Saíram de sua mão como as poucas partículas restantes de uma cálida esperança."

A avó de Douglas, que está morrendo, ensina-lhe uma lição que ainda hoje repercute em nós. Douglas senta-se na cama dela, na casa da família; ele chora, sabendo que logo ela o deixará para sempre. Ela lhe diz:

> "O importante não é o 'eu' que está deitado aqui, mas o 'eu' que está sentado à beira da cama me olhando de volta, e o 'eu' que está no andar de baixo preparando o jantar, ou lá fora na garagem embaixo do carro, ou na biblioteca lendo. Todas as partes novas contam. Não estou realmente morrendo hoje.

Nenhuma pessoa que tinha uma família jamais morreu. Estarei por aí durante muito tempo. Daqui a mil anos uma cidade inteira de descendentes meus estará mordendo maçãs verdes à sombra de um eucalipto."

Há uma frase que toca o coração: *nenhuma pessoa que tinha uma família jamais morreu*. É apropriada tanto para um animal que morreu sem um obituário quanto para uma pessoa que morreu com obituário. As pessoas costumam celebrar a perda de um animal reunindo-se em algum tipo de ritual simbólico, conforme vimos no capítulo 10 com o urso-polar alemão Knut, numa escala nacional, e com o gato Tinky, numa escala de família e amigos. Guardamos lembranças dessas criaturas especiais em nossas mentes e as transmitimos para outros de nossa geração e das seguintes.

E, às vezes, os animais são lembrados em obituários. O único obituário que escrevi foi para um macaco. Quando a chimpanzé Washoe morreu, em 2007, aos quarenta e dois anos, a American Anthropological Association (AAA) me pediu para escrever uma notícia para seu boletim mensal. Devido às suas realizações pioneiras no aprendizado de placas e frases na linguagem de sinais americana, Washoe foi considerada uma figura de importância para os membros da AAA. Impressionada com a natureza ligeiramente transgressora desse pedido, e concordando com a avaliação da AAA sobre a importância de Washoe, escrevi o obituário.

Capturada na natureza, no oeste da África, Washoe era jovem quando foi trazida para os Estados Unidos. Acabou vivendo com psicólogos – primeiramente Beatrix e Allen Gardner, e depois Roger Fouts – em várias instituições acadêmicas, incluindo a Universidade de Oklahoma, onde a conheci, como estudante de pós-graduação. Washoe derrubou suposições associadas à espécie sobre quem pode e quem não pode utilizar uma linguagem para se comunicar. Crescendo imersa na cultura humana, Washoe aprendeu uma linguagem de sinais americana modificada. Ela sinalizava com criatividade, como quando cunhou a frase "abrir comida beber" referindo-se a "geladeira", e trabalhou as mãos de seu filho adotado, Loulis, para que ele também aprendesse os sinais. Indo bem além da expressão do simples desejo de ter seus alimentos favoritos, Washoe conversava com as pessoas a sua volta, como quando expressou empatia por Fouts, seu amigo humano mais próximo, que havia quebrado o braço.

A diagramação das páginas da edição de janeiro de 2008 do *Anthropology News*, que contém o obituário de Washoe, é um estudo sobre a manutenção de limites. Nas duas páginas lado a lado da seção "Ritos de Passagem" estão as notícias de morte de cinco antropólogos conceituados, com idades de cinquenta e sete a noventa e quatro anos. Vire a página e ali, sozinho, acima da seção "Elogios", que congratula membros da AAA por várias honrarias, está meu pequeno artigo. "Também registrado", diz o título: "Washoe, quarenta e dois anos". Dessa maneira, um animal não humano é incluído junto a célebres antropólogos, mas, pela localização física e pela sutileza da linguagem, ele é, ao mesmo tempo, mantido em separado. Entendo essa decisão editorial. Se você fosse cônjuge ou filho de um antropólogo que tivesse morrido recentemente, gostaria de ver sua história de vida e uma fotografia ao lado da notícia sobre Washoe, que aparece com seu rosto símio e sua robusta arcada supraorbitária? (Bem, eu gostaria, mas essa é, provavelmente, uma visão minoritária.)

Restringida pelo espaço, deixei de incluir no obituário qualquer menção aos sobreviventes de Washoe, em especial seu filho Loulis. Mas abordei seu legado e a continuidade passado-a-futuro sobre a qual a avó ficcional de Douglas Spaulding falou, embora de outra maneira:

"Assim como no caso de um humano, é impossível resumir a vida de Washoe com referências a debates e publicações acadêmicas. Sua personalidade (e seu conhecido interesse por sapatos e catálogos de sapatos!) a torna única. Mensagens da Austrália, Bélgica, Itália, do México e de outros lugares, postadas numa página em memória de Washoe, revelam seu impacto sobre pessoas no mundo. Lendo esses tributos, compreende-se que o legado duradouro de Washoe não vem do número de sinais que se poderia dizer que ela adquiriu, ou se esses sinais correspondiam a uma linguagem. Mas está relacionado a como ela levou as pessoas a pensar mais sobre os limites entre macacos e pessoas, na verdade, sobre a própria noção de condição de pessoa de macaco."

Animais como Washoe, que vivem diante de olhos públicos, podem catalisar mudanças em nosso raciocínio sobre o que faz com que um ser humano, mas não um macaco ou um golfinho, mereça o termo "pessoa". Flo, possivelmente o chimpanzé selvagem mais famoso da história, teve o mesmo efeito. Por meio dos relatos iniciais de Jane Goodall feitos da Tanzânia, a habilidade maternal de Flo e sua paciência inesgotável com seus bebês e seu filhote Flint cativaram a imaginação pública. Quando Flo morreu, em 1972, seu obituário apareceu no *Times* de Londres.

Quando celebridades animais morrem, poucas pessoas parecem se opor a que jornais ampliem a categoria "obituário" para incluí-los. Quando se trata de nossos animais de estimação ou outros animais companheiros, a resposta pode ser bem diferente. A antropóloga Jane Desmond escreveu sobre o poder que têm esses obituários de subverter os limites entre animais e humanos e, assim, enervar um segmento saudável da população humana. Alguns anos atrás, no *Iowa City Press-Citizen*, jornal local que Desmond lia na época, foi impresso um obituário de um labrador preto chamado Bear – o primeiro obituário animal publicado por um jornal. Bear, que costumava caminhar e cochilar pelas ruas da cidade, era conhecido de muita gente. Ainda assim, esse breve obituário, escreve Desmond, "tornou-se motivo de um debate acirrado" na comunidade. Especialmente ofendida estava uma mulher chamada Sue Dayton, cuja cunhada tivera seu obituário na mesma página de Bear. A discórdia explodiu na cidade, enquanto expressões como "de mau gosto" e "desrespeitoso" eram proferidas com veemência para descrever o memorial impresso de Bear.

Desmond pergunta-se por que o obituário de um jornal deveria incitar essas emoções negativas se outros costumes para homenagear animais de estimação mortos não têm o mesmo efeito. Em cemitérios físicos ou virtuais de animais de estimação, ou em páginas de memoriais na internet para animais queridos, as pessoas cordialmente compartilham suas recordações sobre animais de estimação com outras que pensam de maneira semelhante. Diferentemente, os obituários de jornais são matéria de registro público muito visível. "Eles não precisam ser procurados", escreve Desmond, "vão parar em nossas mesas nas páginas deixadas abertas junto ao café da manhã, penetrando em cada lar." Como anunciam abertamente que um animal fazia parte de uma família e legitimam a tristeza pela morte de um animal como se fosse um membro da família, os obituários de animais vão contra a definição de "família" de um modo que pode ser bastante incômodo para algumas pessoas. Escrevendo para o *St. Louis Post-Dispatch*, a colunista Betty Cuniberti lamentou a prática do obituário de animais de estimação, imaginando "um filho pesaroso abrindo nosso jornal para procurar o obituário de sua mãe e encontrando a foto dela ao lado da foto de um hamster". Assim como Desmond, acho que a escolha de um hamster por Cuniberti foi calculada para zombar da ideia dos obituários de animais de estimação.

O obituário de um animal de estimação, portanto, incomoda alguns de nós, enquanto conforta outros. Eu estou inclinada a encontrar conforto em qualquer obituário de animal. São os próprios animais, e não apenas os obituários sobre eles, que transpõem uma suposta fronteira entre animais e humanos. Isso é tão verdadeiro para o comportamento que expressa o luto quanto para as realizações cognitivas de animais, como o uso de ferramentas ou a solução de problemas em cooperação. Sabemos disso pelos macacos tomados por uma forte reação fisiológica à perda, pelo gato que choraminga triste porque perdeu a irmã, pelos cavalos que circundam a sepultura de um amigo falecido, pelo búfalo que se desviou para ficar com os ossos de uma fêmea perdida e pelos elefantes que reviram os ossos de entes queridos repetidamente com suas trombas. Desmond vai direto ao ponto quando diz: "Assim como os obituários de humanos, os obituários de animais de estimação atribuem valor a uma vida, definem seus pontos altos, exaltam realizações socialmente validadas e servem como modelos de vida."

Atribuem valor a uma vida. A linguagem do obituário não é a linguagem de outros animais. Mas essa frase não capta precisamente o que os animais fazem quando estão de luto? Eles atribuem valor a uma vida vivida, a uma vida cuja perda é agora sentida.

14 ESCREVENDO SOBRE O LUTO

"Para mim é um choque que o frio incessante da estação da morte de Ray – o céu de Nova Jersey como uma panela mal esfregada, a luz fraca sumindo na terra pardacenta do fim da tarde – esteja, aos poucos, dando lugar à primavera.
"A viúva não quer mudar. Quer que o mundo – o tempo – tenha terminado.
"Enquanto a vida da viúva – ela tem certeza – terminou."
JOYCE CAROL OATES, em *A história de uma viúva*.

"Dentro de mim [algumas semanas depois da morte de sua mulher, Aura], alojado entre a espinha dorsal e o esterno, senti um retângulo oco e duro cheio de ar tépido. Um retângulo vazio com laterais de lousa ou chumbo, é assim que o visualizo, guardando um ar morto, como o ar parado dentro de um poço de elevador num prédio há muito tempo abandonado. Achei que tivesse entendido o que era isso e disse a mim mesmo: As pessoas que se sentem assim o tempo todo são aquelas que cometem suicídio."
FRANCISCO GOLDMAN, em *Say Her Name*

Nos últimos anos, memórias de luto explodiram nas luzes da fama da indústria editorial. Não são tomos de teor acadêmico escritos em terceira pessoa sobre as reações dos seres humanos à morte em épocas diversas ou em culturas diferentes. Livros assim, com prosa comedida e notas de rodapé ordenadas, podem ser encontrados nas prateleiras de antropólogos, psicólogos, sociólogos e historiadores.

Eu me refiro a um gênero completamente diferente: aquelas memórias devastadoramente pessoais do tipo eu-choro-meu-amor-perdido-aqui-diante-de-seus-olhos, livros que cortam nossos corações porque sabemos que, em algum momento de nossas vidas, também nos tornaremos especialistas no assunto da maneira que mais tememos. (Como escritora, estou optando por focar no luto literário. No terceiro capítulo de seu *The Nature of Grief*, John Archer expande esse foco para analisar o luto em filmes, nas artes visuais, na música e também em um grupo diferente de obras literárias.)

Quando a dor da perda invade uma vida, o zumbido ao fundo da rotina diária desaparece. "O luto não tem distância", escreve Joan Didion em *O ano do pensamento mágico*, suas memórias sobre o ano seguinte à morte repentina de seu marido, John Dunne. "O luto vem em ondas, paroxismos, apreensões repentinas que enfraquecem os joelhos, cegam os olhos e obliteram a rotina da vida." Escritores, pessoas que passam a vida produzindo significados por meio do fluxo de palavras nas páginas, recuperam parte dessa rotina vinculando parte de seu luto ao papel.

O gênero em si não é nada novo. C. S. Lewis escreveu *A anatomia de uma dor: um luto em observação* em 1961. Na época, Lewis era "o mais popular porta-voz do cristianismo no mundo de língua inglesa", como observou um documentário. Durante décadas, ele viveu uma vida intelectual de professor universitário, e uma vida de solteiro. Até que Joy Davidman Greshman, poetisa e romancista americana, escreveu para ele do outro lado do oceano. Sondando seu próprio ateísmo, na verdade, começando a deixar para trás seu ateísmo, Greshman foi atraída pela perspectiva cristã de Lewis. Os dois acabaram se conhecendo. De início, relacionaram-se de maneira apenas intelectual, mas acabaram se apaixonando. Para Lewis, seu par intelectual – porque era assim que ele considerava Greshman – agora lhe trazia a mesma emoção que o nome dela sugeria[6].

Quando os dois se casaram, em 1956, o diagnóstico de câncer de Joy já tinha invadido a vida deles. A morte dela só viria quatro anos

---

[6] Joy, "alegria" em inglês. [N. do T.]

depois. *A anatomia de uma dor: um luto em observação* foi publicado no ano seguinte, sob o pseudônimo N.W. Clerk; no texto, o autor se refere a Joy como "H" (seu nome legítimo era Helen). Mais tarde, o livro foi reeditado sob o nome de Lewis, e a essa altura todos sabiam quem realmente era "H". A circunspecção inicial de Lewis, seu forte desejo de privacidade ao compartilhar suas emoções mais tempestuosas e suas indesejadas dúvidas, é um ponto ao qual voltarei num instante.

Baseado em anotações feitas em quatro cadernos guardados depois da morte de Joy, *A anatomia de uma dor: um luto em observação* mostra uma mente brilhante e ao mesmo tempo embotada e afiada pelo luto. Um forte choro se eleva nas primeiras páginas. O problema não é a perda da fé em Deus, escreve Lewis, é a revelação de que ele crê em "coisas terríveis" sobre Deus. Ele também se angustia com o que considera ser o inevitável apagamento, em sua mente, da H. real: "Menos de um mês após sua morte, já posso sentir o lento e insidioso começo de um processo que tornará a H. na qual eu penso em uma mulher cada vez mais imaginária."

É aqui, eu acho, que a experiência humana de luto começa a se afastar da experiência de luto dos outros animais. A morte de Joy mergulha Lewis em novas ansiedades e numa ampla reavaliação daquilo que ele pensava saber e daquilo em que pensava acreditar. Tomado pelo luto, ele revisita incansavelmente o passado e prevê o futuro. Ele se debate com perguntas que não têm resposta. Curiosamente, nesse contexto ele também comenta "aquele paradoxo terrível, um 'animal espiritual'". Lewis assume que somente nossa espécie tem a capacidade de autotranscendência e o temor ao incompreensível. Ele pode estar certo, mas não quero assumir que nenhum animal autoconsciente experimenta ao menos um vestígio de sentimento espiritual. Jane Goodall, e não é a única, é conhecida por pensar que os chimpanzés podem ter seus momentos espirituais, a julgar pelo comportamento deles diante de cachoeiras que se precipitam. Realmente, ela vai além do que eu iria ao sugerir que os chimpanzés são tão espirituais quanto os humanos, mas lhes falta uma maneira de analisar ou descrever como eles se assombram e ficam maravilhados. As demonstrações de atirar pedras e balançar em trepadeiras diante de cachoeiras ("a dança da chuva") me impressionam menos do que os momentos de reflexão silenciosa, quando seus olhos acompanham a água caindo e eles parecem perdidos em pensamentos.

À parte os pensamentos de Goodall, está claro que Lewis, ou qualquer um de nós humanos, enfrenta o luto de maneiras fundamentalmente diferentes dos outros animais. Ao formular essa dicotomia tão rígida, pode parecer que estou rompendo com o teor das histórias deste livro. Mas, conforme observei no prólogo, reconhecer que nós, humanos, pensamos e sentimos de modo diferente de outras criaturas vivas não precisa ser o equivalente a um manifesto da superioridade humana. Diante de qualquer alegação desse tipo, as histórias aqui reunidas gritam um decisivo "Não!" Nós, humanos, não somos superiores a outros animais por sentirmos o luto de maneira diferente, não mais do que um animal autoconsciente como um golfinho é superior a um animal como uma cabra, que é menos capaz de refletir sobre sua vida.

Por que nosso luto não deveria ser diferente? A teoria da evolução prediz comportamentos específicos de espécie em cada animal. Nós, humanos, não irrompemos em demonstrações agressivas em volta dos mortos, como podem fazer os chimpanzés; os chimpanzés não contam um ao outro histórias sobre os mortos. Ah, sim, chimpanzés podem, de algum modo, se comunicar uns com os outros a respeito de uma morte – estamos apenas começando a fazer essas suposições. Mas eles não são os contadores de histórias como nós somos, transmitindo narrativas elaboradas sobre nossos avós e pais aos nossos filhos e netos. Isso quer dizer que nosso luto é mais profundo do que o chimpanzés? Perguntas como essas não captam a ideia principal. Cada um de nós é o que é, animais unidos por nossas maneiras variadas de sentir o luto.

Alguns animais autoconscientes – incluindo grandes macacos, elefantes e cetáceos – lembram-se de eventos passados e planejam eventos futuros. Talvez, quando indivíduos dessas espécies sentem o luto, repassem em suas mentes as lembranças de tempos vividos com o ente querido. Se isso acontece, essas lembranças podem não ter a especificidade nítida que nossas recordações têm, impressa e mantida em nossas cabeças pela linguagem: a imagem ensolarada de um piquenique na floresta, ou a sensação de pele sobre pele no aconchego numa manhã fria. Como argumenta a escritora Temple Grandin, os pensamentos de outros animais podem ser visuais e baseados em impressões, menos precisos do que os nossos quanto a tempo e lugar e mais envolvidos pelo casulo de sentimentos que a memória produz. Será que os animais se demoram em sua tristeza, fechando os olhos à noite conscientes de que o manto do pesar estará ali ao amanhecer? A resposta, provavelmente, é "não". Uma sensação como a de Sísifo, de que o luto será nosso parceiro hoje e amanhã, exige a faculdade de se autoexaminar, o que está além da capacidade de qualquer espécie afora a nossa.

O terrível poder desse tipo de autoconhecimento é encontrado em *A anatomia de uma dor: um luto em observação*, de Lewis. "Eu sei que aquilo que quero é exatamente aquilo que nunca poderei ter", escreve Lewis. "A antiga vida, as velhas piadas, os drinques, as discussões, fazer amor, o pequeno e doloroso lugar-comum." Entendo o sentido, porém, de que Lewis desejava menos relatar os contornos de seu luto do que mergulhar mais fundo dentro de si mesmo escrevendo sobre esse luto. Lembre-se de que Lewis ocultou sua identidade quando escreveu o livro. Dessa maneira, seu livro distancia-se de muitas memórias do gênero "luto" contemporâneo. Lewis não planejou fazer um lamento público e desregrado, e, como resultado, seu luto me toca mais profundamente.

Lewis diz algo muito interessante perto do fim de *A anatomia de uma dor*: "O apaixonado sentimento da perda não nos liga ao morto, mas sim nos separa dele." Transformar um cômodo num santuário, homenagear o aniversário de morte, manter a lembrança do morto sempre fresca e presente na mente, tudo isso paradoxalmente apenas nos distancia da realidade da pessoa que para nós está perdida. De maneira semelhante, talvez, uma expressão intensamente apaixonada do luto num livro de memórias distancia o leitor tanto da pessoa morta quanto daquele que sente o luto. Talvez por isso eu goste de livros que evitam uma voz implacavelmente desnorteada que relate um fluxo de consciência. E não se engane, muitas memórias de luto podem ser descritas nesses termos. Escrevendo para o *Guardian* em 2011, Frances Stonor Saunders compara os memorialistas de luto aos carpidores contratados do antigo coro grego, "rasgando seus trajes e geralmente se desgrenhando". Ela critica duramente "a banalidade metafísica, a repetição, a obsessão, a incoerência" nesses livros.

Mas não é apenas Lewis que rejeita a ruidosa inquietação. A filha de Roger Rosenblatt teve um colapso e morreu sobre uma esteira de ginástica aos trinta e oito anos, mudando para sempre a vida de seu marido, seus três filhos, dois irmãos e pais. Em *Um dia depois do outro: a vida às vezes pode recomeçar quando você menos espera*, Rosenblatt escreve:

> "Carl, John e eu ficamos juntos no deque em Bethesda no dia seguinte à morte de Amy e choramos. Abraçando-nos, um ao outro, formamos um círculo, como paraquedistas, nossas roupas esvoaçando ao vento. Não consigo me lembrar de ter visto nenhum deles chorando desde que eram muito jovens. Nem mesmo tenho certeza de que eles já haviam me visto chorar, exceto em ocasiões sentimentais... O problema com uma família unida é que ela sofre unida também. Fiquei com meus dois filhos no frio e pus meus braços sobre eles, sentindo seus ombros de homens."

A expressão "ombros de homens" transmite discretamente a ideia de um mundo de dor e algo mais: sabemos que Rosenblatt agora vê seus filhos como adultos que, como ele mesmo, precisam carregar um luto adulto.

Em *Kayak Morning*, publicado dois anos depois, Rosenblatt escreve novamente sobre Amy, e sobre luto. Questionado sobre por que escreveu *Um dia depois do outro*, Rosenblatt explica no livro mais recente que foi terapêutico, uma maneira de manter sua filha viva. "Quando o livro foi concluído", escreve ele, "foi como se ela tivesse morrido de novo." Será que Lewis teria advertido Rosenblatt a não escrever esse segundo livro, porque deixar Amy se afastar um pouco a faria voltar com força ainda maior?

Estranhamente, portanto, as memórias de luto podem surgir de uma necessidade profunda de escapar do luto. A mente humana pode insistir em se adaptar a uma experiência emocional avassaladora ao recusar a exilar-se por tempo demais nos lugares mais sombrios. Em seu livro *A história de uma viúva*, Joyce Carol Oates escreve:

> "Em meu estúdio, e em minha escrivaninha, avistando um grupo de árvores, uma banheira para pássaros (não em uso, no inverno), uma árvore com frutas vermelhas onde cardeais e chapins agitam-se alegremente, estou livre para dizer a mim mesma que Ray não estaria nesse quarto com você de qualquer maneira. Sua experiência nesse momento não é uma experiência de viúva."

Mas o luto ressoa, ecoa, e ecoa mais um pouco. Ele é inescapável, ao menos por um tempo, e a parte mais difícil pode ser o quão profundamente aquele que o sente está consciente desse fato. Lewis explica isso assim:

> "Parte de todo sofrimento é, por assim dizer, a sombra ou o reflexo do mistério: o fato de que você não meramente sofre, mas tem de continuar pensando no fato de que sofre. Eu não apenas vivo cada dia interminável no luto, como vivo cada dia pensando em viver cada dia no luto."

O caráter do luto de Lewis muda com o passar do tempo, e ele é tão brilhante ao articular essa mudança que de suas palavras extraímos discernimento e esperança. Ele se surpreende ao descobrir que um dia se sente mais leve, menos isolado de Deus e menos aflito com o fato de que algum dia a percepção da realidade de Joy passará. O próprio tamanho reduzido do livro sinaliza que, mesmo que o luto não passe, seu poder mais veemente esmorece.

A consciência do peso do luto e a topografia mutante das reflexões mentais sobre o luto são precisamente o que acredito que outros animais não experimentam. E os animais podem sentir culpa? Em *Say Her Name*, relato ficcional de Francisco Goldman sobre a morte de sua esposa, a culpa permeia as páginas. Aura morreu num acidente enquanto nadava com Goldman nas águas de uma praia mexicana.

Ao descrever seu primeiro encontro com Aura, Goldman se detém diante do rosto e dos olhos bonitos da jovem mulher, e de seu espírito animado. Ele recorda como eles se cumprimentaram: "Olá", diz ele a Aura; e "Olá" ela responde. No primeiro movimento para se aproximar dela, ele dá início a uma infindável cadeia de acontecimentos que incluirá o amor, o casamento, a morte e o luto. A parte arrepiante é quando, entre parênteses na página, ele imagina uma conversa que nunca ocorreu, enrolada no espaço entre os dois quando eles se conheceram: "Oi! Conheça sua morte", diz Goldman. "Alô, minha morte", responde Aura. Em passagens como essa, as memórias do luto transmitem o preço terrível e esmagador, para nossa espécie, da profunda autoconsciência.

Às vezes o que sentimos não é culpa, nem o reconhecimento do fardo duradouro do luto, mas uma espécie de luto antecipado. Quando as mãos ficam frias ante a fisionomia grave do médico, mesmo antes de sabermos o que ele vai dizer sobre um cônjuge, um filho ou um amigo, quando o estado de um ente querido piora tanto que sabemos que apenas um resultado é possível, nós assumimos a perda meses ou até anos antes de ela acontecer. Antecipamos o caminho solitário que a pessoa que está morrendo percorrerá e visualizamos nosso próprio futuro solitário. Como será, nós nos perguntamos, naquele dia em que voltaremos sozinhos para uma casa que nunca mais será a mesma? Em *The Rising*, disco de Bruce Springsteen lançado depois dos ataques terroristas de 11 de setembro em Nova York e Washington, há uma canção chamada *You're Missing*.

Pictures on the nightstand, TV's on in the den
Your house is waiting, your house is waiting

[Retratos na mesa de cabeceira, a TV ligada na sala
Sua casa está esperando, sua casa está esperando]

Mas quem ouve sabe que a casa estará esperando para sempre. O título da canção é o refrão do cantor, *You're missing* [Está faltando você], e a canção termina com uma irrevogabilidade terrível:

God's drifting in heaven, devil's in the mailbox
I got dust on my shoes, nothing but teardrops.
[Deus está flutuando no céu, o diabo na caixa de correio
Há poeira em meus sapatos, nada além de lágrimas]

Não houve tempo para um luto antecipado no 11 de setembro. Entes queridos saíram para trabalhar, ou para cumprir as tarefas do dia, e nunca mais voltaram.

Vendo por esse ângulo, fica claro que o luto antecipado pode ser tanto uma bênção quanto um fardo; ele nos permite expressar em palavras o nosso amor e preparar a nós e aos outros para a ausência da pessoa amada. Senti tanto a bênção quanto o fardo quando, no início da década de 1990, meu amigo Jim, de apenas trinta e poucos anos, estava morrendo de aids, pouco antes de os medicamentos retrovirais darem às pessoas com o HIV uma chance excelente de viver com a doença. O engraçado em minha relação com Jim é que, como mais de uma pessoa comentou conosco, falta na língua inglesa um termo que expresse o que éramos um para o outro. "Amigos" era correto, mas fraco. Nós nos conhecemos na faculdade, tentamos encontrar o amor romântico e logo percebemos que havíamos sido feitos para compartilhar um intenso vínculo platônico. Arraigado em Nova Jersey, Jim me acompanhou em meus anos nômades de antropologia, chegando a Oklahoma (pós-graduação), ao Quênia (pesquisa de campo) e a Santa Fé (escrevendo a dissertação). Então, ele adoeceu e não havia nada que pudesse ser feito – e mesmo assim, fazer de tudo: explorar cada opção de tratamento que pudéssemos encontrar, eu viajar até ele em vez de ele viajar até mim, uma promessa perto do fim de que eu pensaria nele cada dia da minha vida. Nos últimos dias, cruzei aquela linha entre torcer pela recuperação de uma pessoa doente e desejar ardentemente a morte de uma pessoa em sofrimento.

Outros animais podem alterar seu comportamento quando um companheiro está doente, assim como os chimpanzés que rodearam uma fêmea que estava morrendo no parque de safári escocês, ou como a cabra que se encostou firmemente em sua amiga, um pônei de Shetland, para ajudá-la a se manter ereta. Eles podem ficar preocupados e agir por conta disso. Mas somente nós olhamos bem lá na frente com temor, ou alívio, ou uma mistura das duas coisas, conscientes de que a morte está se aproximando. E quando ela chega, e nos enlutamos pelo outro, o fazemos com uma mistura única de emoção privada e pública, um equilíbrio que pode até ser adaptativo para uma espécie tão autoconsciente. "Quando os viventes veem que os outros choram os mortos", escreve Tyler Volk em seu livro *What is Death?*, "isso é um consolo por suas próprias mortes futuras."

Únicos entre todas as espécies, podemos descarregar nossos lamentos na arte, como fazem os escritores de memórias de luto. Contudo, à exceção do luto corporificado que pode ser expresso na dança, provavelmente que é quando silenciamos nossa exclusiva criatividade que nos sentimos mais perto dos outros animais que sentem o luto. Sentimos o luto com palavras humanas, mas com corpos animais, gestos animais e movimentos animais.

15 VARRER O LUTO COM O TEMPO

Quando eles morreram, o menino não tinha mais do que doze ou treze anos, e a menina, não mais do que dez. O menino aparentemente tivera um desenvolvimento normal, mas a menina mostrava sinais de deformidade bilateral do fêmur, o que significa que suas pernas eram curtas e curvadas, e que ela caminhava com as pernas arqueadas.

As crianças viviam num povoado que agora chamamos de Sunghir, ao longo da margem de um rio na Rússia, cerca de duzentos quilômetros a leste da Moscou atual. O solo permanentemente congelado de Sunghir demonstra que seu clima era desafiador. Quando chegou a hora de cavar a terra fria para depositar os corpos das crianças, a comunidade de Sunghir uniu-se. Graças a uma visão coletiva de beleza e a muitas horas de hábil trabalho, essas pessoas asseguraram que as crianças partissem desse mundo num ritual fúnebre espetacular.

Não temos testemunhas oculares que relatem a cerimônia, porque as crianças morreram há vinte e quatro mil anos. Esse período do Paleolítico é anterior não apenas à escrita, mas à vida em vilas estabelecidas e à domesticação das plantas ou da maioria dos animais. Isso não quer dizer que o povo de Sunghir – anatomicamente o *Homo sapiens* moderno – levasse uma vida simples. As imagens belamente desenhadas de animais, com cores vivas e pintadas em paredes de cavernas, como a de Chauvet, na França, a partir de cerca de trinta e cinco mil anos atrás, revelam a complexidade cultural de nossos ancestrais *Homo sapiens*.

Descrições de arqueólogos nos convidam a imaginar aquele dia, muito tempo atrás, quando a comunidade de Sunghir reuniu-se diante da sepultura. Vincenzo Formicola e Alexandra Buzhilova escrevem:

"As duas crianças foram enterradas lado a lado, em posição supina, numa sepultura longa, estreita e rasa, cavada no solo congelado. Os esqueletos estavam cobertos de ocre vermelha e acompanhados de bens tumulares extraordinariamente ricos e únicos. Milhares de contas de marfim, provavelmente costuradas nas roupas, lanças compridas de presas de mamute retificadas (uma delas de duzentos e quarenta centímetros de comprimento), adagas de marfim, centenas de dentes caninos de raposas-do-ártico perfurados, varas de chifres furadas, braceletes, entalhes de animais em marfim, pinos de marfim e pingentes em forma de disco faziam parte da ornamentação do funeral."

No mundo da antropologia, essa descrição do sepultamento de duas crianças de Sunghir é famosa. Numa época tão remota, enterrar crianças era uma prática rara, pelo menos a julgar pelas sepulturas que os arqueólogos descobriram até hoje. Mais rara ainda era a deformidade da menina, mas isso reforça a suspeita de cientistas de que os sepultamentos pré-históricos para essa faixa de idade eram mais frequentes quando a anatomia da criança não era normal. Mas apenas uma das crianças de Sunghir encaixa-se nessa categoria, e tudo indica que ela morreu por motivos não relacionados ao arqueamento de suas pernas.

Os arqueólogos estão certos de que as duas mortes aconteceram com uma diferença de tempo pequena o bastante para que o sepultamento fosse simultâneo. Talvez tenha havido um acidente com o menino e a menina quando eles estavam procurando alimentos ou realizando alguma outra atividade em benefício da comunidade, ou talvez eles tenham sido vítimas de uma doença.

A natureza fascinante dos ossos e artefatos desse local explica parte da notoriedade de Sunghir, mas acho que há mais coisas aí. Podemos deixar de sentir uma ligação com essas pessoas, tão distantes no tempo, quando ficamos sabendo sobre suas atitudes diante da morte? O detalhe que me deixou impressionada vem do relato dos arqueólogos: milhares de contas de marfim, provavelmente costuradas nas roupas das crianças. Enfrentando os implacáveis desafios de sobrevivência nesse clima frio, esses caçadores-coletores tiveram tempo para decorar os jovens corpos antes do sepultamento. Para mim, as contas costuradas são a materialização do luto do povo de Sunghir.

É possível que eu esteja errada, é claro, e que o trabalho duro dos preparativos para o enterro em Sunghir tenham ocorrido sem luto. Mas é aqui que as histórias deste livro podem ajudar nas tentativas de reconstituir nosso passado. Diversas aves e mamíferos bastante sociais mostram capacidade de sentir a dor da perda – incluindo corvídeos, gansos, golfinhos, baleias, elefantes, gorilas e chimpanzés. Se estou certa, e se animais individuais dessas espécies sentem a dor da perda porque sentiram amor por outra criatura, seria um exagero sugerir que alguns indivíduos de nossa própria espécie tenham manifestado amor e luto há vinte e quatro mil anos? Não seriam essas emoções um provável subproduto da vida numa unida comunidade primata inteligente, social e autoconsciente?

Embora a expressão do luto transponha o tempo e as espécies, a prática do sepultamento comunitário não é conhecida em animais não humanos e é rara até mesmo em nossa linhagem. Dos tempos em que nossos ancestrais ficaram eretos, há quatro milhões de anos, passando pelas primeiras ferramentas artesanais de pedra, há cerca de dois milhões e meio de anos, e pelo advento da caça de grandes animais, há mais ou menos entre dois milhões e um milhão e meio de anos, não sobrevive sinal algum de enterro ou cremação de mortos. Esse fato tem implicações fascinantes quando consideramos o grande número de indivíduos envolvidos. Um grupo de pesquisas demográficas estima que cento e sete bilhões de pessoas viveram e morreram entre cerca de cinquenta mil anos atrás e o presente. Tenho receio de endossar qualquer número preciso, porque cálculos dessa natureza envolvem suposições confusas e conjecturas aproximadas sobre números de populações em nosso passado. Como experiência de raciocínio, porém, esse exercício realça um fato. Considerando que nossa linhagem começou não há cinquenta mil anos, mas há seis milhões de anos, vemos que um grande número de humanos (ou ancestrais de humanos) nasceu, viveu e morreu. O que aconteceu com seus corpos? Será que alguém sentia luto pelos mortos? Quando surgiu a resposta social e cerimonial do luto pela morte de um indivíduo?

Sunghir nos dá um ponto fixo no tempo em que caçadores-coletores (pelo menos alguns deles) realizavam cerimônias de sepultamento com provável presença da emoção. Usando Sunghir como ponto de partida e indo para trás, é possível descobrir arqueologicamente a origem do luto na linhagem humana?

Em Israel, dois sítios de cavernas pré-históricas oferecem riquíssimas informações sobre como o *Homo sapiens* vivia há cerca de cem mil anos. Em Qafzeh, na região da baixa Galileia, e em Skhul, no monte Carmelo, povos que se podem contar entre os primeiros povos modernos realizaram os primeiros sepultamentos intencionais conhecidos (os enterros em Qafzeh datam de cerca de noventa e dois mil anos atrás; os de Skhul teriam ocorrido entre oitenta mil e cento e vinte mil anos atrás). Nem de perto tão elaborados quanto os de Sunghir, os sepultamentos em Qafzeh e Skhul mostram sinais inconfundíveis de cuidados deliberados com os mortos em meio a uma cultura próspera. A arqueóloga Daniella E. Bar Yosef Mayer e seus colaboradores descrevem a cultura de Qafzeh como pessoas que decoravam seus corpos (vivos) com ocre vermelha, coletavam conchas durante viagens ao litoral, a cerca de quarenta e cinco quilômetros de distância, e aplicavam ocre vermelha a algumas conchas, no que pode ser um antigo exemplo de um tipo de manipulação artística. Tanto crianças quanto adultos foram sepultados em caverna; num dos casos, um adolescente foi enterrado com um chifre sobre o peito. Em Skhul, uma pessoa foi enterrada com uma mandíbula de javali; conchas eram intencionalmente perfuradas e incluídas em algumas sepulturas.

Esses sítios israelenses oferecem um fundamento para a visão evolutiva do tratamento cuidadoso dos humanos com seus mortos e um indício daquilo que sabemos que veio depois. Às vezes, estudiosos das origens da religião forçam uma ligação entre a presença de bens especiais incluídos na sepultura e uma crença cultural na vida após a morte, mas não há maneira confiável de correlacionar as duas coisas. Os bens tumulares poderiam ser facilmente tanto um sinal de respeito e amor pelo morto quanto uma crença comunitária sobre o que acontece após a morte. (Note-se que não fiz qualquer argumentação sobre a crença na vida após a morte, ou sobre a presença de ritual religioso, em Sunghir.) Mas acho que Tyler Volk está certo ao associar rituais mortuários humanos a reflexões de indivíduos sobre sua própria mortalidade. Quando pessoas reúnem-se em torno de um corpo, escreve Volk em *What is Death?*, isso "as força a enfrentar a morte... A morte serve para despertar a consciência dos vivos".

À medida que o *Homo sapiens* floresceu, e alguns povos começaram a desenvolver a agricultura, os padrões humanos para conceber significados relativos à morte mudaram. Um sepultamento duplo de um homem e um cordeiro sob o piso de uma casa em Catalhoyuk, Turquia, há cerca de oito mil anos, sugere uma relação emocional entre humanos e animais domesticados. Alguns milhares de anos depois, as grandes tumbas do Egito eram cheias de alimentos para que as pessoas os comessem na vida após a morte. Uma cronologia de práticas pré-históricas mostra que a imaginação humana tornou-se cada vez mais sintonizada com a questão da morte e da vida após a morte.

Mesmo muito antes, as práticas mortuárias do *Homo sapiens* tinham a ver com o simbólico, e não apenas com o funcional. Em Qafzeh e Skhul, a ocre vermelha tornou-se uma ferramenta de expressão cultural, assim como foi para povos pré-históricos em outros lugares. Rica em ferro, com uma cor vermelha intensa, a ocre teve um papel importante na caverna de Blombos, na África do Sul, local de visita obrigatória para entender a vida dos primeiros *Homo sapiens*. Habitante do litoral, o povo de Blombos fazia um bom uso de recursos marinhos. Eles pescavam com lanças, caçavam focas e golfinhos, e coletavam moluscos. A antiga ideia de que uma "revolução" no comportamento humano moderno ocorreu há apenas trinta e cinco mil anos, na Europa, ainda pode ser encontrada em alguns livros, mas notáveis descobertas em Blombos contrariaram firmemente essa visão.

O povo de Blombos criava pigmentos de tinta usando pedras para martelar e triturar, de maneira inteligente. Sabemos disso porque o arqueólogo Christopher Henshilwood e sua equipe descobriram o ateliê de um artista de Blombos, datado de cem mil anos atrás (o mesmo período de Qafzeh e Skhul, muito mais ao norte). Os caçadores-coletores de Blombos moíam ocre dura e a transformavam em pó, às vezes misturando-a com carvão e óleo de ossos de focas. Conchas de abalone tornavam-se ferramentas para dois propósitos, servindo tanto como tigelas para fazer as misturas quanto como recipientes para os pigmentos resultantes. O trabalho de detetive de Henshilwood nos leva diretamente ao limiar de uma visão excitante sobre a vida de antigos artistas, mas os artefatos ainda não revelam o modo como nossos ancestrais usavam os pigmentos que criavam. Eles coloriam suas ferramentas? Ou pintavam imagens em paredes? Aplicavam pigmentos a seus corpos, como os povos de Qafzeh e Skhul faziam mais ou menos na mesma época?

Blombos foi o lar de antigos *Homo sapiens* durante muitos milhares de anos. Cerca de setenta e cinco mil anos atrás, seus moradores talhavam desenhos em blocos de ocre vermelha. Embora não fossem uma escrita, esses desenhos só podem ser gerados por uma mente que pensa de maneira abstrata e se liberta do foco exclusivo nas habilidades de sobrevivência do dia a dia. A fabricação de joias também exige essa habilidade; o povo de Blombos furava conchas de pequenos moluscos de maneira precisa, o que, juntamente com os desenhos das conchas, mostra que eles se enfeitavam. É tentador concluir que em Blombos os mortos deviam ser enterrados da mesma forma que nos dois sítios de Israel, mas até agora nenhum sepultamento foi ali descoberto.

O retrato que surge da vida dos antigos *Homo sapiens* na África e no Oriente Médio é de uma autoexpressão criativa de pessoas que pensavam em suas vidas – e as sentiam. De certo modo, está surgindo um retrato semelhante de nossos primos próximos, os neandertais. Há cerca de trinta mil anos, populações de neandertais de cérebro grande e corpo robusto foram extintas, mas elementos da linhagem genética dos neandertais ainda existem em algumas populações modernas. Durante milhares de anos antes desse momento, os neandertais coexistiram com humanos anatomicamente modernos, e, em certas épocas e lugares (embora nunca na África, onde não moraram), eles se encontraram diretamente com a nossa espécie.

Seria um erro grave ver essas pessoas pelo velho estereótipo de "homem das cavernas", que os retrata como criaturas que caminhavam pesadamente, carregando clavas. Com habilidade para manusear lanças, os neandertais caçavam animais grandes, como mamutes. Alguns modificavam dentes de javalis, lobos e veados para usá-los como pingentes, ou enfeitavam o molar de um mamute com ocre vermelha, alisando e polindo o dente como uma espécie de lembrança simbólica. E alguns enterravam seus mortos. No sítio de La Ferrassie, na França, os neandertais cobriram o corpo de um membro do grupo com uma pedra calcária; em Teshik-Tash, no Uzbequistão, circundaram o corpo de uma criança com chifres de cabra.

Não se tem conhecimento de sepultamentos cuidadosos em períodos anteriores da evolução, mas um sítio pode fornecer pistas aos arqueólogos sobre o tratamento dado aos mortos por ancestrais anteriores. Na Sima de los Huesos (Poço dos Ossos), na Espanha, os restos de trinta e dois indivíduos estão agrupados juntos no fundo de um fosso de quase quatorze metros. A data? Trezentos mil anos atrás. Poderia o povo dali ter depositado os corpos no buraco num ato de respeito ou veneração? Ou os corpos foram jogados num ato de agressão ou maldade? Talvez não tenha havido qualquer ato deliberado e os corpos tenham de algum modo caído no fosso por acidente. O sítio não oferece respostas. Voltando ainda mais no tempo, as evidências materiais não dão pista alguma sobre as práticas mortuárias de nossos ancestrais.

Para muita gente, "Lucy", que viveu há três milhões de anos no vale do Rift, é a pedra de toque para compreender a árvore genealógica humana. Descoberta de forma memorável por Don Johanson na Etiópia há quarenta anos, Lucy e sua espécie (*Australopithecus afarensis*) caminhavam em pé num ecossistema de mata repleto de outros mamíferos e aves. Lucy morreu com aproximadamente vinte anos. Aos poucos, seu corpo transformou-se em esqueleto no local de sua morte, como acontece hoje com animais selvagens (a não ser que suas carcaças sejam consumidas ou transportadas por outros animais).

Por mais fascinantes que possam ser esses relances sobre as origens das práticas mortuárias humanas, nenhuma escavação de sítio, nenhum inventário de bens tumulares ou análise de ossos revela qual foi a emoção sentida pela família ou comunidade de alguém que morreu há milhares de anos. Mas, conforme já argumentei, o peso das histórias de luto animal reunidas neste livro sustenta a probabilidade de luto em nossa pré-história. O que os artefatos e ossos não nos dizem e os cientistas do passado podem ter relutado em especular torna-se mais claro para nós num contexto comparativo. Há vinte e quatro mil anos, em Sunghir, e mesmo há cem mil anos, em Qafzeh, Skhul e Blombos, nossos ancestrais tinham recursos cognitivos e emocionais para sentir a dor da perda e uma estrutura comunitária para sustentar sua expressão. Mas esse contexto comparativo esclarece apenas a *capacidade* emocional, e seria melhor termos em mente que a capacidade de experimentar uma emoção nem sempre resulta na *expressão* dessa emoção.

Para alguns de nós hoje em dia, morte é fim: a vida termina no momento em que paramos de respirar. Para outros de nós que têm uma crença transcendente na alma e em sua continuidade eterna, a morte de um corpo carnal não é igual à morte da pessoa. Aqueles que creem numa sagrada vida após a morte, ou na reencarnação, podem considerar a morte uma passagem para uma existência muito mais gratificante. Quando a morte não é vista como o fim de uma existência significativa, o luto pode ser tingido com um certo ar de celebração.

A elaboração humana de significados em torno do corpo, da morte e do luto no mundo moderno é bastante complexa, e essa elaboração no passado permanece elusiva. Para nos aproximar mais de uma pré-história do luto, a antropologia não pode fazer mais do que documentar o cuidado elaborado com que alguns corpos foram enterrados e sugerir fortemente, com base em exemplos de animais não humanos, que esses atos de cuidado refletiam sentimentos de perda.

No capítulo 14, reiterei a perspectiva "unicamente humana" do luto, argumentando que somente a nossa espécie transforma o luto em arte. Neste capítulo, delineei rituais humanos pré-históricos de sepultamento que não são igualados, em sua natureza elaborada, pelas ações de qualquer outro animal. Ao mesmo tempo, estou invocando aqui a capacidade emocional de outros animais para argumentar que, pelo menos em alguns lugares e em alguns períodos do passado, nossos ancestrais extintos realizavam esses rituais elaborados num estado de pesar e luto. Dessa forma, retorno àquele jogo de equilíbrio que mencionei no prólogo: a necessidade que sinto, como antropóloga, de reconhecer como nossa espécie difere das outras em seu comportamento quando em luto, mesmo enquanto dedico a maior parte de meu esforço a destacar os pontos de semelhança cognitiva e emocional com outras criaturas.

Numa visita recente a Berlim, senti toda a força da reação singularmente humana à morte. Caminhar entre as duas mil, setecentas e onze lajes de concreto do Memorial aos Judeus Assassinados da Europa é uma experiência perturbadora. A um quarteirão do Portão de Brandemburgo, numa área ao ar livre que pode ser visitada vinte e quatro horas por dia, as estelas estão alinhadas em fileiras paralelas de alturas variadas. Subindo e descendo pelas fileiras, entrevendo uma pessoa aqui e ali em alguma interseção do caminho, senti-me exatamente como imagino que o arquiteto pretendeu que eu me sentisse: cercada por uma uniformidade indiferente, lançada contra mim mesma, tomada pelo silêncio e por aquela sensação de desorientação. Como aquelas lajes de concreto fizeram com que eu me sentisse assim, sou incapaz de exprimir, mas fizeram.

Embaixo das lajes, numa exposição no subsolo, estão os nomes conhecidos de todos os judeus assassinados durante o Holocausto, juntamente com muitas fotografias e textos. As imagens e as palavras são pungentes, mas nesse espaço – organizado como um museu convencional – minha experiência foi ordenada, familiar e, portanto, muito diferente do que senti caminhando entre as estelas.

No memorial de Berlim, são as lajes de concreto. Em Oklahoma City, são cento e sessenta e oito cadeiras dispostas em fileiras perfeitas. Na baixa Manhattan, são dois espaços abertos, cercados de árvores e água em cascata, que marcam as áreas vazias das Torres Gêmeas do World Trade Center. Em Hiroshima, são as estátuas, pontes, áreas abertas e a bela torre de relógio no Parque Memorial da Paz. Em Kigali, Ruanda, são duzentos e cinquenta mil corpos enterrados no solo do Centro Memorial do Genocídio. Como consequência de um clarão que cega, de um dia catastrófico ou do esmagador atrito da guerra, nosso luto torna-se global de um modo nunca antes possível em nossa história ou pré-história.

Nessa escala, o luto dissemina-se no espaço e no tempo como ondas através do mar. Depois que Aura, a jovem esposa do escritor Francisco Goldman, foi morta por uma onda enquanto nadava numa praia mexicana, Goldman sentiu-se compelido a explorar o comportamento das ondas. As ondas, escreveu ele mais tarde,

> "viajam pelo oceano em séries, ou trens, e nunca é apenas um trem que chega à praia, porque ao longo do caminho os trens de ondas encontram-se ou convergem ou sobrepõem-se um ao outro e misturam-se, ondas mais velhas com outras de algum modo mais novas. Mas mesmo uma onda moderada, aprendi, rompe e estoura em direção à praia com a força inata de um pequeno automóvel seguindo em plena aceleração."

E é assim que acontece quando irrompe e se avoluma a reação à morte em escala maciça. É algo que se propaga a partir dos sobreviventes das famílias, da comunidade local e de toda a nação, e cruza continentes e oceanos. O luto de uma pessoa converge com o luto de muitos, misturando-se e às vezes exacerbando a emoção sentida. Essa ressurgência é impressionante, e inteiramente humana.

Uma geração de norte-americanos testemunhou esse processo nos dias, meses e anos após os ataques terroristas do 11 de setembro.

É um clichê o fato de muitas pessoas de muitas nações lembrarem-se com clareza espantosa de onde estavam exatamente e o que estavam fazendo naquela manhã de terça-feira. Eu estava começando a dar uma aula para cento e vinte e cinco estudantes de antropologia às 9h30min daquele dia, e como as notícias vindas de Manhattan e do Pentágono tornavam-se cada vez mais horrendas, e os estudantes e eu ficávamos cada vez mais ansiosos, terminei a aula mais cedo. Nosso luto começou naquele mesmo dia, mas onde ele estivera no dia anterior, na segunda-feira, 10 de setembro? Estava se acumulando em pequenas ondas, juntando-se para explodir no dia seguinte com sua força terrível? A pergunta pode parecer estranha, mas no contexto do estudo de Goldman sobre as ondas, faz sentido para mim. Goldman reflete sobre a longa jornada da "onda de Aura", o forte impulso da água que tirou a vida de Aura ao derrubá-la com tanta violência na arrebentação. Em sua maioria, as ondas de superfície viajam milhares de quilômetros antes de arrebentarem na praia. "Não é a água em si que viaja, é claro, mas a energia do vento", escreve ele. "As ondas grandes são carregadas constantemente por ventos de alta velocidade que estiveram viajando muitos milhares de quilômetros pelo oceano aberto, e durante dias."

Acho que não foi a dor da perda que se acumulou nos dias e nas horas anteriores ao 11 de setembro. Foi o amor: o amor que as pessoas sentiam quando beijaram seus familiares e amigos e acenaram para eles naquela manhã ao se despedirem. O amor impulsiona o luto assim como o vento impulsiona as ondas do oceano.

Quando a primeira torre caiu em Manhattan naquele dia, Jean-Marie Haessle, um artista nascido na França, saiu apressado pela cidade. Mas parou na Wall Street para recolher um pouco da poeira que caíra à sua volta. Foi um impulso, disse Haessle ao *New York Times*, apanhar aquela poeira. A poeira traz à mente, disse ele, a sua própria e derradeira morte; ele a mantém guardada no mesmo envelope em que a recolheu. Do que é feita essa poeira? Certamente contém partes da torre que desabou, partículas comprimidas de máquinas de escritório, papéis e outros objetos do dia a dia de vidas que trabalham. Mas será que contém mais...? Acho terrivelmente doloroso fazer a pergunta de maneira ainda mais precisa; todos nós nos lembramos dos milhares de pessoas que se foram e nos damos conta de qual é o material que essa poeira provavelmente contém. Haessle preserva a poeira para seu museu de um só visitante, e, para ele, a areia tem um grande poder simbólico.

Vejo uma faixa de tempo invisível ligando Haessle, o artista contemporâneo em Nova York, a nossos antepassados de Sunghir, na Rússia, e de Qafzeh e Skhul, em Israel. Reservar um espaço para os mortos, marcar a relação dos vivos com os mortos por meio de um funeral elaborado ou guardando as cinzas de maneira respeitosa – ou por meio de um memorial perturbador numa capital, que atrai milhões de visitantes do mundo inteiro – é ao mesmo tempo um ato profundamente humano e um ato que só é possível porque somos animais sociais que evoluíram a partir de outros animais sociais que sofrem a dor da perda.

EPÍLOGO

"[O luto] ocorre amplamente em outros mamíferos sociais e em aves, por exemplo, após a perda do pai, da mãe, de um filho ou de um companheiro." Assim escreveu John Archer na primeira página de *The Nature of Grief.*

É raro encontrar uma admissão tão completa do luto animal na literatura das ciências sociais – principalmente em 1999, quando Archer a escreveu, antes da atual onda de interesse científico pelo luto de mamíferos e aves. Archer acrescentou a esta sua afirmação direta de apenas três páginas as evidências que a sustentam. Ele discute a atitude das macacas que carregam cadáveres, relatos sobre o luto de aves e cães, e resultados de "experiências de separação" que mostram que os jovens, em diversas espécies, ficam estressados quando separados de suas mães. É claro que Archer não poderia ter incluído informações dos últimos quinze anos sobre o luto animal. É possível dizer com segurança que leitores com uma mentalidade científica podem encontrar uma lacuna entre a alegação confiante de Archer sobre o luto animal e aquilo que ele arregimenta no mundo animal para sustentá-la.

Será que as histórias apresentadas nestas páginas conseguiram preencher a lacuna entre a alegação sobre o luto animal e as evidências? Não é surpresa que meu veredicto seja "sim", mas sei que é importante fazer distinções entre as evidências fortes ou moderadas contidas nestas páginas. Ao decidir entre essas alternativas, um ponto de referência pode ser a definição ideal de luto que ofereci no prólogo: pode-se dizer que o luto ocorre quando um animal sobrevivente age de uma maneira que é visivelmente aflita ou alterada em relação à sua rotina habitual, em consequência da morte de um companheiro animal que era emocionalmente importante para ele.

Usando esse ponto de referência, vários exemplos deste livro oferecem fortes evidências de luto entre animais que vivem na natureza. Pesquisas de longo prazo sobre duas populações de elefantes no Quênia – Samburu, no norte, e Amboseli, no sul – rastrearam a expressão da resposta individual de elefantes à morte. Parentes e amigos da elefanta matriarca Eleanor, em Samburu, reagiram à sua morte de maneiras aflitas ou incomuns, e em Amboseli elefantes afagaram os ossos de sua matriarca. Curiosamente, uma das evidências em Samburu complica este quadro que estou apresentando. Fêmeas que *não eram* particularmente próximas a Eleanor sentiram luto por ela, levando o pesquisador Iain Douglas-Hamilton a postular uma resposta "generalizada" à morte entre os elefantes. Se Douglas-Hamilton está certo, os elefantes podem mostrar mais respostas emocionais de cunho amplamente comunitário (além daquelas baseadas em parentesco e amizade) do que outros animais – ou talvez nos próximos anos venhamos a descobrir reações comunitárias em outras espécies.

Acredito que as evidências dos elefantes são as mais fortes do luto animal na natureza, seguidas de perto pelas de golfinhos, chimpanzés e algumas aves. Nos golfinhos, é de cortar o coração assistir à resposta maternal à morte de um filhote, que atesta a intensa aflição da mãe. De maneira intrigante, ao carregarem os cadáveres de seus filhotes, as mães chimpanzés (e outras macacas) não mostram emoção evidente, ao que eu saiba, mas alguns chimpanzés demonstram luto, como vimos nos exemplos de Flint, filho de Flo, em Gombe, e Tarzan, o irmãozinho de Tina, em Tai, na Costa do Marfim. Em aves que têm vínculo de par, o luto pode levar o sobrevivente a uma séria depressão.

Nem todos os meus exemplos vindos da natureza atendem de maneira convincente aos critérios estritos da definição. No macho de tartaruga marinha que perdeu sua companheira, Honey Girl, no Havaí; nos bisões do Yellowstone National Park que inspecionaram a carcaça de um companheiro; e nas macacas que carregaram os cadáveres de seus filhotes sem parecerem afetadas emocionalmente pelo fardo, as evidências sugerem o luto em graus variados, mas não conclusivos. Mesmo nesses casos não resolvidos, a ausência de um membro da família, de um companheiro do grupo ou de um parceiro social mudou o comportamento dos sobreviventes de maneiras mensuráveis. E, no caso dos macacos, temos a história dos babuínos de Okavango, em que a mãe, Sylvia, sofreu com a morte de sua filha Sierra, além de dados fisiológicos que mostram a assinatura química do luto em muitos indivíduos.

Entre animais que vivem perto de seres humanos em casas, fazendas, santuários ou zoológicos, alguns casos de luto também correspondem à minha definição estrita. Não consigo imaginar outra interpretação das histórias das gatas irmãs Willa e Carson, ou dos cachorros amigos Sydney e Angel, que não seja com o foco no luto: na minha mente, os sinais de amor e luto nessas histórias são fortes demais para serem interpretados de outra maneira razoável. O mesmo é válido para coelhos e cavalos, em numerosos exemplos compartilhados aqui.

Os dois patos mulard resgatados, Kohl e Harper, formavam um par especialmente comovente; para mim, o fato de que Harper amou seu amigo e sofreu com sua morte está além de uma contestação sensata. O comportamento de Tarra, a elefanta do santuário, diante da morte de sua amiga, a cadelinha Bella, lembra que dois animais de naturezas muito diferentes podem vivenciar uma amizade intensa e que, quando essa amizade tem um fim repentino, o sobrevivente pode experimentar a tristeza.

Jardins zoológicos podem se tornar fontes importantes de dados sobre o luto animal no futuro. Neste momento, os registros de comportamentos de gorilas e chimpanzés diante da morte em zoológicos e instituições de cativeiro semelhantes levantam mais perguntas do que respostas. Quando a chimpanzé Pansy morreu num parque de safári escocês, por que o macho Chippy atacou seu cadáver? Quando os companheiros de um gorila de zoológico que morreu continuam a procurar por ele mesmo depois de o corpo ter ficado visível para eles, o que isso significa? Talvez, mais do que qualquer outro animal, nossos parentes vivos mais próximos, os macacos africanos, indiquem-nos a grande variabilidade nos comportamentos de luto, tanto em populações na natureza (no caso dos chimpanzés) quanto nas cativas.

E em se tratando de perguntas sem respostas, toda a arena do suicídio animal destaca-se. Os exemplos de sofrimento emocional de ursos e golfinhos que citei nos levam para a arena do possível luto intenso por um ente querido que se foi, ou pela situação de vida intolerável do próprio animal. A ciência sequer tem considerado essas possibilidades ou, se o suicídio animal existe, a extensão de suas causas possíveis.

Nós, humanos, temos nossas maneiras de sentir o luto específicas de nossa espécie, como destacam os dois capítulos finais ao abordarem como podemos transformar o luto em arte e como nossos rituais de sepultamento e outras práticas de morte evoluíram ao longo de muitos milênios. Mas o que fica evidente para mim não é a singularidade humana, e sim o conhecimento de que outros animais além dos humanos amam e sentem a dor da perda. Conforme enfatizei ao longo do livro, essa afirmação não deve se tornar um teste definitivo de complexidade emocional para outras espécies. Alguns cachorros sentem o luto, dependendo de sua personalidade e do contexto em que vivem. Outros, não. O mesmo é válido para os chimpanzés e outras espécies que sentem o luto de um modo que nós reconhecemos. A expressão da emoção animal não se presta bem a generalizações entre indivíduos – não mais do que uma tentativa de homogeneizar a expressão da emoção humana se prestaria.

Ao rever as histórias de luto animal para escrever essas considerações finais, volto a pensar em como a alegria misturou-se completamente à tristeza enquanto eu pesquisava e escrevia. A tristeza surgiu, é claro, porque mergulhei na vida de animais cujas emoções foram cortadas por um profundo canal de luto que corria através delas, às vezes por pouco tempo, às vezes por longos períodos.

Mas, então, lá estava a alegria: eu descobria a profundidade do amor animal. Por causa disso, hoje olho para muitos animais de maneira diferente daquela de até três anos atrás. Comparado a meus outros livros, este exigiu um olhar mais amplo do reino animal; a compensação veio quando descobri emoções em animais – talvez, sobretudo, em animais de fazenda, mas de maneira geral – mais complexas do que eu suspeitava.

Alegre também foi minha experiência com amigos, parentes, colegas cientistas e completos estranhos que só me conhecem por meus textos, todos eles me oferecendo histórias sobre como os animais sentem a dor da perda (ou, em alguns casos, não sentem). Uma sensação de "estar junto nisso", de querer descobrir novas maneiras de perceber, descrever e analisar o amor animal e o luto animal, nos uniu.

Às vezes, visões divergentes da minha foram esclarecedoras. Quando escrevi sobre o amor animal no blog 13.7, da NPR, não questionei se os animais sentem amor, mas perguntei como reconhecemos o amor que outros animais sentem. Mesmo enquanto as ideias e os exemplos fluíam, alguns leitores insistiram que não deveríamos destrinchar o amor animal. Trena Gravem perguntou: Por que definir o amor? Por que pensar insistentemente nele e tentar analisá-lo? Em vez disso, deveríamos ser extremamente gratos por sentirmos amor pelos outros, e eles por nós; e é claro que não é preciso dizer que isso inclui os animais. Lamentavelmente, só as crianças não questionam isso. Meg Ahere escreveu: Eu preferiria começar pela suposição de que todo animal sente emoções e ama os outros à sua maneira.

Essas visões são articuladas e compreendem uma postura bem aberta à expressão da emoção animal complexa. Quanto a mim, como cientista, o ponto principal é este: se dissermos que todo animal que age de maneira positiva ou compassiva com um companheiro o ama, e se dissermos que todo animal que responde com alguma demonstração de emoção à morte de um companheiro sente o luto, estamos correndo o risco de diluir o fenômeno que queremos entender. E não aprendemos muito.

Espero que as ideias e perguntas deste livro sejam aceitas por outros que se esforçarão para descobrir mais sobre como os animais sentem a dor da perda, ou não sentem. Talvez minhas definições de amor e luto possam ser aprimoradas, e perguntas inteiramente novas sejam acrescentadas à mistura. O importante é continuar a conversa, porque esta não é uma conversa restrita apenas a preocupações teóricas, ou a preocupações sobre como podemos entender melhor a nós mesmos entendendo outras criaturas. Sondar as profundezas do pensamento e do sentimento dos animais significa reavaliar como nós, coletivamente como sociedade e individualmente como pessoas, tratamos outros animais. Já comentei a prática benéfica de permitir que animais sobreviventes passem algum tempo com os corpos de seus entes queridos. Com essa prática, reconhecemos que os animais pensam e sentem, e oferecemos àqueles em luto a compaixão e a dignidade que merecem.

E lá vêm de novo os ecos de meu tema alegria-e-tristeza: para os amantes dos animais, dói muito saber que animais na natureza e abrigados em fazendas, santuários ou zoológicos, ou junto de nós em nossas casas, podem lutar ou ter lutado de várias maneiras por causa de negligência ou abuso de seres humanos. Mesmo aqui há espaço para a alegria: podemos produzir uma mudança, uma grande transformação, deixando de tratar os animais como "algo" para tratá-los como "alguém" – como nos ensina o Farm Sanctuary.

Eu gostaria de concluir com um comentário pessoal. Em 2005, uma coluna chamada "Always Go to the Funeral" [Sempre vá ao funeral] foi postada na NPR como parte de seu projeto de ensaios "This I Believe" [Acredito nisso]. Nela, Deirdre Sullivan descrevia a insistência de seus pais para que ela, quando era uma adolescente tímida, fosse ao funeral de um professor da escola primária. Ao tentar extrair de si algumas palavras de condolência à família do professor, a jovem Sullivan ficou aflita. Só mais tarde ela apreciou ter sido educada para entender que alguns atos significam tanto para os outros que nosso desconforto, ou nosso incômodo, tem pouca importância. Ela conclui com esta passagem:

"Numa noite fria de abril, três anos atrás, meu pai teve uma morte serena, de câncer. Seu funeral foi numa quarta-feira, no meio da semana de trabalho. Eu estava apática há dias quando, por algum motivo, durante o funeral, virei-me e olhei para as pessoas na igreja. A lembrança disso ainda me deixa estupefata. A coisa mais humana, forte e enternecedora que já vi foi uma igreja, às três da tarde de uma quarta-feira, repleta de pessoas que acreditam na importância de ir a um funeral."

Também numa noite de abril, meu pai morreu. Foi em 1985, e ele vivera até os sessenta anos. Primeiramente na Marinha, durante a Segunda Guerra Mundial, depois como bombeiro e mais tarde, ao longo de décadas, como policial do estado de Nova Jersey, ele serviu aos outros. Durante seu funeral, a salva de tiros oferecida por seus colegas da polícia me levou às lágrimas. O que está arraigado mais firmemente em meu coração desde esse dia não é, porém, a cerimônia oficial. É a reunião de tantas pessoas que interromperam a rotina de seu dia de primavera para estar conosco, para homenagear meu pai com suas palavras e para transmitir sua força a mim e minha mãe.

Não é por acaso, penso eu, que optei por escrever um livro sobre luto quando cheguei ao meio da casa dos cinquenta anos. É verdade que, ao fazer pesquisas para trabalhos anteriores, esbarrei muitas vezes em partículas e pedaços de evidências de respostas emocionais de animais à morte. Neste sentido, este livro cresceu naturalmente a partir de sementes plantadas nos dois anteriores. Entretanto, há mais coisas acontecendo. Faço parte de uma grande onda de pessoas nascidas no pós-guerra que agora se aproximam dos anos da aposentadoria – ou já os atingiram. Meu único filho está na faculdade. Minha mãe leva uma vida assistida. Depois de escapar com dificuldade de uma cirurgia de emergência aos oitenta e quatro anos, ela precisa de cuidados mais complicados do que jamais precisou. Aos oitenta e seis, pode ser que viva tanto quanto sua mãe, até os cem anos, ou pode partir antes. A vida de minha mãe está entrelaçada à minha como nunca esteve – exceto, é claro, quando eu era muito jovem. Quando falo com amigos que têm mais ou menos a minha idade, nossa conversa muitas vezes desvia-se para o território dos pais idosos. Compartilhamos a preocupação, a exaustão e, sim, a satisfação de cuidar de várias maneiras de nossas mães e pais.

Quando acerto detalhes para a permanência de minha mãe em hospitais ou em centros de reabilitação de casas de repouso e para sua assistência em casa, sinto por ela um amor profundo misturado a um luto antecipado. Com frequência, fico sabendo que alguém próximo de mim está tomado pelo luto totalmente concretizado: a mãe de um amigo morreu de câncer pouco antes de seu nonagésimo aniversário, depois de uma longa luta contra a doença. O pai de outro, com mais de oitenta anos, partiu depois de um curto período de intenso declínio físico; meu amigo está certo de que ele desejou morrer, ajudado por sua recusa a comer. O filho de uma amiga morreu logo depois do Natal num acidente de carro terrível, aos dezenove anos. Por essa mãe, sinto uma grande tristeza, e não sei como lhe oferecer conforto. Tudo o que sei é compartilhar seu amor pelo filho, o que faz com que ele sobreviva.

Saber que os animais também amam e sentem a dor da perda não amenizará o luto mais profundo. Mas quando o nosso luto torna-se um pouco menos cru, ou quando ainda está a certa distância e é, até então, apenas antecipado, será que nos daria algum conforto genuíno saber o quanto o compartilhamos com outros animais? Encontro esperança e consolo nas histórias destas páginas. Espero que você encontre também.

AGRADECIMENTOS

Meu primeiro e profundo agradecimento vai para as pessoas que se encontraram ou se comunicaram diretamente comigo por causa deste livro sobre os animais com quem eles vivem, ou já viveram: Karen e Ron Flowe, Nuala Galbari, Janelle Helling, Charles Hogg, Connie Hoskinson, David Justis, Melissa Kohout, Jeane Kraines, Michelle Neely, Mary Stapleton, e Lynda e Rich Ulrich.

Também sou agradecida àqueles que fizeram comentários sobre as suas experiências com a tristeza animal em resposta aos meus *posts* no blog Cosmo & Culture da NPR.org's 13.7. Ao meu editor na 13.7, Wright Bryan, agradeço por me ensinar tanto.

Para os cientistas e os funcionários de zoológicos que, generosamente, responderam a minhas perguntas e compartilharam experiências comigo, eu devo sinceros agradecimentos: Karen Bales, Tyler Barry, Marc Bekoff, Melanie Bond, Ryan Burke, Dorothy Cheney, Jane Desmond, Anne Engh, Sian Evans, Peter Fashing, Diane Fernandes, Roseann Giambro, Liran Samuni, Karen Wager--Smith, e Larry Young.

Minha admiração e gratidão vão para a equipe do Santuário do Elefante – Tennesse, da Farm Sanctuary e da House Rabbit Society, que me ajudaram com matérias sobre tristeza animal e que ajudam milhares de animais em necessidade.

Através de seu programa de pesquisa para licenciaturas, a Universidade de William e Mary tornou possível o período de intensa leitura e escrita a partir do qual este livro surgiu. Ao pró-reitor Michael Halleran, ao diretor de comunicações de pesquisa Joseph McClain, e à minha colega antropóloga Danielle Moretti-Langolts, gestos primatas especiais carregados de agradecimentos.

Eu tenho boas lembranças de quando nos sentávamos em torno de uma mesa na agência literária Levine-Greenberg em Manhattan, anos atrás, nas sessões de *brainstorming* sobre este livro (ainda apenas uma ideia) com Jim Levine e Lindsay Edgecombe. Lindsay e Jim acreditaram nas ideias por trás das palavras "como os animais sentem" e ajudaram tremendamente a moldar o livro como veio a ser concretizado.

Quando o livro foi para gráfica, Jill Kneerim, da Agência Kneerim-Williams, deu-me orientação e apoio esplêndidos, e guiou-me firmemente em direção ao meu futuro, de escrever sobre emoção animal.

Durante todo esse tempo, a experiência de trabalhar com pessoas na University of Chicago Press tem sido um deleite intelectual e um prazer pessoal. Christie Henry sempre diz a melhor coisa no melhor momento, e com seus *insights* editoriais fez este livro ser melhor de pelo menos dez maneiras diferentes. E também na editora, Levi Stahl, Joel Score e Amy Krynak foram tão bons para mim, e para o meu livro, que lhes devo um sincero obrigado.

Para Stuart Shanker, como agradecer adequadamente pelos muitos anos de projetos compartilhados, apoio mútuo e troca de casos sobre crianças, galinhas e gatos? Saiba que a sua amizade é muito importante, todos os dias.

Eu sucumbi à convenção ao mencionar por último aqueles que estão mais próximos ao meu coração. É uma família pequena, formada por meu marido Charles Hogg, minha filha Sarah Hogg, e minha mãe Elizabeth King. Para a minha mãe, obrigada por tudo que você me deu, incluindo uma tonelada de livros desde os primeiros anos e daí para frente, e o amor pela leitura. Para minha filha, eu sempre vou valorizar nossas conversas sérias e tolas sobre animais (incluindo Sir Lancelot!), sobre escrever e sobre defender todos com quem nos importamos. Para o meu marido, eu só posso dizer: você é incrível para mim. Eu o amei desde a primeira queda fatídica de 1989, mas eu o amo mais a cada dia que vejo com novos olhos a profundidade do seu compromisso com os animais. E, no entanto, esses são apenas os *Homo sapiens*! Nosso círculo familiar é grande. Para todos os animais que me amaram ao longo dos anos (gatos, cachorros, coelhos) e para todos os outros animais que me receberam com uma leve simpatia ou indiferença de imediato, mas que ainda são lindos e amados (macacos, símios, bisões, sapos, pássaros e muito mais), mergulhar no seu mundo emocional é uma alegria e uma responsabilidade, e eu espero ter entendido corretamente alguns aspectos importantes.

LEITURA E RECURSOS VISUAIS

Prólogo

Bekoff, Marc. "Animal Love: Hot-blooded Elephants, Guppy Love, and Love Dogs." http://www.psychologytoday.com/blog/animal-emotions/200911/animal-love-hot-blooded-elephants-guppy-love-and-love-dogs

Kessler, Brad. *Goat Song: A Seasonal Life, A Short History of Herding, and the Art of Making Cheese*. Nova York: Scribner, 2009.

Krulwich, Robert. "'Hey I'm Dead!' The Story of the Very Lively Ant." http://www.npr.org/templates/story/story.php?storyId=112963594

Potts, Annie. *Chicken*. Londres: Reaktion Books, 2012.

Rosenblatt, Roger. *Kayak Morning*. Nova York: Ecco, 2012.

Capítulo 1

Coren, Stanley. "How dogs respond to death." *Modern Dog*, edição de inverno 2010-2011, p. 60-65.

Harlow, Harry F. e Stephen J. Suomi. "Social recovery by isolation-reared monkeys." *Proceedings of the National Academy of Sciences* 68 (1971): 1.534-1.538. http://www.pnas.org/content/68/7/1534.full.pdf+html

King, Barbara J. "Do animals grieve?" http://www.npr.org/blogs/13.7/2011/10/20/141452847/do-animals-grieve

Renard, Jules. *Histórias naturais: o dia a dia dos animais, nossos amigos*. São Paulo: Landy, 2006.

Capítulo 2

Coren, Stanley. "How dogs respond to death." *Modern Dog*, edição de inverno 2010/2011, p. 60-65.

Dosa, David. *O incrível dom de Oscar*. Rio de Janeiro: Ediouro, 2010.

Hare, Brian e Michael Tomasello. "Human-like social skills in dogs?" *Trends in Cognitive Science* (2005): http://email.eva.mpg.de/~tomas/pdf/Hare_Tomasello05.pdf

King, Barbara J. *Being With Animals*. Nova York: Doubleday, 2010.

ZIMMER, Carl. "The surprising science of animal friendships." *Time*, 20 de fevereiro de 2012, p. 34-39. (E uma resposta de Patricia McConnell pode ser encontrada em http://www.theotherendoftheleash.com/tag/carl-zimmer)

FOTOGRAFIA do cachorro Hawkeye diante do caixão de Jon Tumilson: http://today.msnbc.msn.com/id/44271018/ns/today-today_pets_and_animals/t/dog-mourns-casket-fallen-navy-seal/

VÍDEO da cerimônia em homenagem ao cachorro Hachiko, em 8 de abril de 2009, em Tóquio. O vídeo é em japonês; pode-se ver a estátua de Hachi na abertura. http://www.youtube.com/watch?v=ffB6IEFsD9A

VÍDEO (e atualização) do heroico resgate do cão na rodovia no Chile: http://today.msnbc.msn.com/id/28148352/ns/today-today_pets_and_animals/t/little-hope-chiles-highway-hero-dog/

Capítulo 3

FARM SANCTUARY, "Someone, not something: Farm Animal Behavior, Emotion and Intelligence." http://farmsanctuary.wpengine.com/learn/someone-not-something/

HATKOFF, Amy. *The Inner World of Farm Animals*. Nova York: Stewart, Tabori & Chang, 2009.

MARCELLA, Kenneth L. "Do horses grieve?" *Thoroughbred Times*, 2 de outubro de 2006. http://www.thoroughbredtimes.com/horse-health/2006/october/02/do-horses-grieve.aspx

Capítulo 4

ARCHER, John. *The Nature of Grief: The Evolution and Psychology of Reactions to Loss*. Nova York: Routledge, 1999.

THE HOUSE RABBIT SOCIETY. "Pet loss support for your rabbit." http://www.rabbit.org/journal/2-1/loss-support.html

WAGER-SMITH, Karen e Athina Markou. "Depression: A repair response to stress-induced neuronal microdamage that can grade into a chronic neuroinflammatory condition." *Neuroscience and Biobehavioral Reviews*: 35 (2011): 742-764.

Capítulo 5

BIBI, Faysal, Brian Kraatz, Nathan Craig, Mark Beech, Mathieu Schuster e Andrew Hill. "Early evidence for complex social structure in *Proboscidea* from a late Miocene trackway site in the United Arab Emirates." *Biology Letters* (2012) doi: 10.1098/rsbl.2011.1185

DOUGLAS-HAMILTON, Iain, Shivani Bhalla, George Wittemyer e Fritz Vollrath. Behavioural reactions of elephants towards a dying and deceased matriarch. *Applied Animal Behaviour Science* 100 (2006): 87-102.

GILL, Victoria. "Ancient tracks are elephant herd", BBC, 25 de fevereiro de 2012. http://www.bbc.co.uk/nature/17102135

MCCOMB, Karen, Lucy Baker e Cynthia Moss. African elephants show high levels of interest in the skulls and ivory of their own species. *Biology Letters* (2005) 2: 2-26

Moss, Cynthia. *Elephant Memories: Thirteen Years in the Life of an Elephant Family.* Nova York: William Morrow and Company, 1988, p. 270.

The Elephant Sanctuary. "Tina." http://www.elephants.com/tina/Tina_inMemory.php

vídeo que mostra a reação dos elefantes de Amboseli aos ossos de uma matriarca: http://www.andrews-elephants.com/elephant-emotions-grieving.htm

Capítulo 6

Bosch, Oliver J., Hemanth P. Nair, Todd H. Ahern, Inga D. Neumann e Larry J. Young. "The CRF system mediates increased passive stress-coping behavior following the loss of a bonded partner in a monogamous rodent." *Neuropsychopharmacology* 34 (2009): 1406-1415.

Cheney, Dorothy L. e Robert M. Seyfarth. *Baboon Metaphysics: The Evoution of a Social Mind.* Chicago: University of Chicago Press, 2007.

Engh, Anne L., Jacinta C. Beehner, Thore J. Bergman, Patricia L Whitten, Rebekah R. Hoffmeier, Robert M. Seyfarth e Dorothy L. Cheney. "Behavioural and hormonal responses to predation in female chacma baboons (*Papio hamadryas ursinus*)." *Proceedings of the Royal Society* B 273 (2006): 707-712.

Fashing, Peter J., Nga Nguyen, Tyler S. Barry, C. Barret Goodale, Ryan J. Burke, Sorrel C.Z. Jones, Jeffrey T. Kerby, Laura M. Lee, Niina O. Nurmi, Vivek V. Venkataraman. "Death among geladas (*Theropithecus gelada*): A broader perspective on mummified infants and primate thanatology." *American Journal of Primatology* 73 (2011): 405-409.

Mendoza, Sally e William Mason. "Contrasting responses to intruders and to involuntary separation by monogamous and polygynous New World monkeys." *Physiology and Behavior* 38 (1986): 795-801.

Sugiyama, Yukimaru, Hiroyuki Kurita, Takeshi Matsu, Satoshi Kimoto, Tadatoshi Shimomura. "Carrying of dead infants by Japanese macaque (*Macaca fuscata*) mothers." *Anthropological Science* 117 (2009): 113-119.

vídeo um clipe do filme de David Attenborough sobre os macacos-toques está inserido como parte desse segmento: http://www.youtube.com/watch?v=VaiFfSui4oc

Capítulo 7

Anderson, James R. "A primatological perspective on death." *American Journal of Primatology* 71 (2011): 1-5.

Biro, Dora, Tatyana Humle, Kathelijne Koops, Claudia Sousa, Misato Hayashi e Tetsuro Matsuzawa. "Chimpanzee mothers at Bossou, Guinea carry the mummified remains of their dead infants." *Current Biology* 20 (2010):R351-R352.

Boesch, Christophe e Hedwige Boesch-Achermann. *The Chimpanzees of Tai Forest.* Oxford: Oxford University Press, 2000.

Goodall, Jane van Lawick. *In the Shadow of Man.* Nova York: Dell, 1971.

_____. *Uma janela para a vida.* Rio de Janeiro: Zahar, 1991.

KING, Barbara J. "Against Animal Natures: An Anthropologist's View." 2012. htpp://www.beinghuman.org/article/against-animal-natures-anthropologit's-view
SORENSON, John. *Ape*. Londres: Reaktion Books, 2009.

VÍDEO Ataque de chimpanzés a Grapelli, narrado por David Watts: ("Gang of Chimps Attack and Kill a Lone Chimp" – o ataque em si começa por volta do terceiro minuto do vídeo) http://www.youtube.com/watch?v=CPznMbNcfO8
VÍDEO Outro ataque de chimpanzés, narrado por David Attenborough: http://www.youtube.com/watch?v=a7XuXi3mqYM&feature=fvst

CAPÍTULO 8

BARASH, David. "Deflating the myth of monogamy." *Chronicle of Higher Education*, 21 de abril de 2001.
HEINRICH, Bernd. *Mind of the Raven*. Nova York: Ecco, 1999.
_____. *The Nesting Season: Cuckoos, Cuckolds, and the Invention of Monogamy*. Cambridge: Belknap Press, 2010.
MARZLUFF, John M. e Tony Angell. *Gifts of the Crow: How Perception, Emotion, and Thought Allow Smart Birds to Behave Like Humans*. Nova York: Free Press, 2012.
_____. *In the Company of Crows and Ravens*. New Haven: Yale University Press, 2005.

FOTOGRAFIA das cegonhas Rodan e Malena: http://instablogs.com/outer_permalink.php?p=croatian-storks-rodan-and-malena-reunited after-8000-mile-winter-flight
VÍDEO de Rodan e Malena (com narração em francês): http://videos.tf1.fr/infos/2010/love-story-au-pays-des-cigognes-5786575.html

CAPÍTULO 9

ABC NEWS. "Whales mourn if a family member is taken: scientists." 20 de agosto de 2008. http://www.abc.net.au/news/2008-08-10/whales-mourn-if-a-family-member-is-taken-scientists/470268
BEARZI, Karen. "A Mother Bottlenose Dolphin Mourning Her Dead Newborn Calf in the Amvrakikos Gulf, Greece". Tethys Research Institute report (with photo). http://www.wdcs-de.org/docs/Bottlenose_Dolphin_mourning_dead_newborn_calf.pdf
EVANS, Karen, Margaret Morrice, Mark Hindell e Deborah Thiele. "Three mass whale strandings of sperm whales (*Physeter macrocephalus*) in Southern Australian Waters". *Marine Mammal Science* 18 (2002): 622-643.
KLINKENBORG, V. *Timothy, or Notes of an Abject Reptile*. Nova York: Vintage Books, 2007.
RITTER, Fabian. Behavioral responses of rough-toothed dolphins to a dead newborn calf. *Marine Mammal Science* 23 (2007): 429-433.
ROSE, Anthony. "On Tortoises Monkeys & Men." *In Kinship with the Animals*, editado por Michael Tobias e Kate Solisti-Mattelon. Hillsboro, Oregon: Beyond Words Publishing, 1998. http://goldray.com/bushmeat/pdf/tortoisemonkeymen.pdf

VÍDEO de Honey Girl: http://www.youtube.com/watch?v=qkVXucG1AeA
VÍDEO de uma tartaruga ajudando outra: http://www.youtube.com/watch?v=rSdPRsVxlcw
VÍDEO feito de fotografias que mostram brincadeiras entre golfinhos e baleias: http://www.youtube.com/watch?v=lC3AkGSigrA
VÍDEO feito de fotografias que mostram o luto de baleias/encalhe de baleias:http://www.youtube.com/watch?v=XaViQ7FHJPI

Capítulo 10

ELEPHANT SANCTUARY, Relato da morte de Bella (começa em 24 de outubro de 2011): http://www.elephants.com/elediary.p
HOLLAND, Jennifer. *Amizades improváveis: histórias comoventes de companheirismo e amizade entre os animais*. São Paulo: Pensamento, 2011.
PIERCE, Jessica. *The Last Walk: Reflection on our Pets at the End of their Lives*. Chicago: University of Chicago Press, 2012.
ZIMMER, Carl. "Friends with benefits." *Time*, 20 de fevereiro de 2012, p. 34-39.

FOTOGRAFIA do gato Tinky ao piano: http://www.barbarajking.com/blog.htm?post=801721
VÍDEO que mostra ursos-polares e cachorros brincando: http://www.dailymotion.com/video/x3ag9o_polar-bears-and-dogs-playing_animal
VÍDEO do CBS Sunday Morning sobre amizades entre espécies animais: http://www.cbsnews.com/video/watch/?id=7362308n&tag=contentMain;contentBody
VÍDEOS que mostram Tarra e Bella juntas: http://www.elephants.com/Bella/Bella.php

Capítulo 11

ABC *SCIENCE*. "Lemmings suicide myth." 27 de abril de 2004. http://www.abc.net.au/science/articles/2004/04/27/1081903.htm
BEKOFF, Marc. "Bear Kills Son and Herself On a Chinese Bear Farm." http://www.psychologytoday.com/blog/animal-emotions/201108/bear-kills-son-and-herself-chinese-bear-farm
BIRKETT, Lucy e Nicholas E. Newton-Fisher. "How Abnormal Is the Behaviour of Captive, Zoo-Living Chimpanzees?" *PLoS ONE 6* (2011): e20101. doi: 10.1371/journal.pone.0020101
BRADSHAW, G.A.N. Schore, J.L. Brown, J.H. Poole e C.J. Moss. "Elephant breakdown." *Nature* 433 (2005): 807.
GUARDIAN. "Dolphin deaths: expert suggests 'mass suicide'." 11 de junho de 2008. http://www.guardian.co.uk/environment/2008/jun/11/wildlife.conservation1
KARMELEK, Mary. "Was this gazelle's death an accident or a suicide?" http://blogs.scientificamerican.com/anecdotes-from-the-archive/2011/05/24/was-this-gazelles-death-an-accident-or-a-suicide/
KING, Barbara J. "When a daughter self-harms." http://www.npr.org/blogs/13.7/2012/07/12/156550195/when-a-daughter-self-harms
POULSEN, Else. *Smiling Bears: A Zookeeper Explores the Behavior and Emotional Life of Bears*. Vancouver: Greystone Books, 2009.

Capítulo 12

Anderson, James R., Alasdair Gillies e Louse C. Lock. "Pan thanatology." *Current Biology* 20 (2010): R349-351.
Goodall, Jane van Lawick. *In the Shadow of Man*. Nova York: Dell, 1971.
Teleki, G. "Group response to the accidental death of a chimpanzee in Gombe National Park, Tanzania." *Folia primatologica* 20 (1973): 81-94.

Capítulo 13

Berger, Joel. *The Better To Eat You With: Fear in the Animal World*. Chicago: University of Chicago Press, 2008.
Bradbury, Ray. *Licor de dente-de-leão*. Rio de Janeiro: Bertrand Brasil, 2013.
Desmond, Jane. "Animal deaths and the written record of history: the politics of pet obituaries." In: *Making Animal Meaning*, editado por Georgina Montgomery e Linda Kaloff. East Lansing: Michigan State University Press, 2012.
Lott, Dale F. *American Bison: A Natural History*. Berkeley: University of California Press, 2002.
Whittlesey, Lee H. *Death in Yellowstone: Accidents and Foolhardiness in the First National Park*. Lanham, MD: Roberts Rinehart, 1995.

foto de Martha Mason em seu pulmão de aço: http://www.nytimes.com/2009/05/10/us/10mason.html

Capítulo 14

Archer, John. *The Nature of Grief: The Evolution and Psychology of Reactions to Loss*. Nova York: Routledge, 1999.
Lewis, C.S. *A anatomia de uma dor: um luto em observação*. São Paulo: Editora Vida, 2006.
Didion, Joan. *O ano do pensamento mágico*. Rio de Janeiro: Nova Fronteira, 2006.
Goldman, Francisco. *Say Her Name*. Nova York: Grove Press, 2011.
Oates, Joyce Carol. *A história de uma viúva*. Rio de Janeiro: Alfaguara, 2013.
Rosenblatt, Roger. *Um dia depois do outro: a vida às vezes pode recomeçar quando você menos espera*. Rio de Janeiro: Nova Fronteira, 2012.
_____. *Kayak Morning*. Nova York: Ecco, 2012.
Saunders, Frances Stonor. "Too much grief." *The Guardian*, 19 de agosto de 2011. http://www.guardian.co.uk/books/2011/aug/19/grief-memoir-oates-didion-orourke
Volk, Tyler. *What is Death? A Scientist Looks at the Cycle of life*. Nova York: John Wiley and Sons, 2002.

vídeo dos chimpanzés de Gombe diante da cachoeira, narrado por Jane Goodall: http://www.janegoodall.org/chimp-central-waterfall-displays

Capítulo 15

Bar-Yosef Mayer, Daniella, Bernard Vandermeersch e Ofer Bar-Yosef. "Shells and Ochre in Middle Paleolithic Qafzeh Cave, Israel: Indications for Modern Behavior." *Journal of Human Evolution* 56 (2009): 307-314.

Formicola, V. e A.P. Buzhilova. "Double child burial from Sunghir (Rússia): pathology and inferences for Upper Paleolithic funerary practices." *American Journal of Physical Anthropology* 124 (2004): 189-198.

Goldman, Francisco. *Say Her Name*. Nova York: Grove Press, 2011.

Henshilwood, C. S, F. d'Errico, K. L. van Niekerk, Y. Coquinot, Z. Jacobs, S. E. Lauritzen, M. Menu e R. Garcia-Moreno. "A 100,000-Year-Old Ochre-Processing Workshop at Blombos Cave, South Africa." *Science* 334 (2011): 219-222.

Volk, Tyler. *What is Death? A Scientist Look at the Cycle of Life*. Nova York: John Wiley and Sons, 2002.

fotografias & vídeos sobre a antiga fábrica de pinturas e da ocre vermelha talhada em Blombos, na África do Sul: http://www.bbc.co.uk/news/science-environment-15257259

Epílogo

Archer, John. *The Nature of Grief: The Evolution and Psychology of Reactions to Loss*. Nova York: Routledge, 1999.

Sullivan, Deirdre. "Always Go to the Funeral." http://thisibelieve.org/essay/8/

CRÉDITO IMAGENS

Capa
Macacos: Kjersti Joergensen | Dreamstime

Contracapa
Aves: Gabriella Fabbri | SXC
Cabras: Janne Karin Brodin | SXC
Cachorro: Alexander Chernyakov | Getty
Cavalo: Jusben | Morguefile
Coelhos: Andreas Krappweis | SXC
Elefante: Gil Ros | SXC
Galinhas: Haroen Dilrosun | SXC
Gato: Michael & Christa Richert | SXC
Golfinho: Wouter Meeuwisse | SXC
Macaco: Iwan Beijes | SXC
Pássaros: Zeeshan Qureshi | SXC
Tartaruga: LoniHolman | SXC

CONHEÇA OUTROS TÍTULOS DA ODISSEIA EDITORIAL

Os mitos da felicidade

Sonja Lyubomirsky

Em *Os mitos da felicidade,* a professora de psicologia da Universidade da Califórnia Sonja Lyubomirsky desconstrói os mitos que criamos para os momentos mais marcantes da vida, como o casamento, o nascimento dos filhos, ou a conquista do emprego tão almejado. Acreditamos que a felicidade só será alcançada quando certa conquista for feita, e que, se isso não nos tornar felizes, pode haver algo de errado conosco. Com seu olhar pragmático, Lyubomirsky faz uma abordagem realista dos momentos críticos que atravessamos, e mostra que devemos manter a mente aberta para enxergarmos além do caos.

Sua meditação
3.299 mantras, dicas, citações e koans para a paz e a serenidade

Barbara Ann Kipfer

Para meditar, não é necessário isolar-se em viagens a montanhas ou em exaustivas peregrinações. *Sua meditação* é um guia com dicas, reflexões, koans e mantras, baseado em práticas espirituais, como zen-budismo, ioga e sufismo. Barbara Ann Kipfer mostra em *Sua meditação* como o leitor pode aproveitar os mais simples momentos do dia a dia para respirar fundo, relaxar e se encontrar consigo mesmo, e entenderá, ainda, a importância da meditação para alcançar o equilíbrio, o bem-estar e a serenidade.

Vá de bike
Um guia radicalmente prático para você andar de bicicleta

Grant Petersen

Em *Vá de bike – um guia radicalmente prático para você andar de bicicleta*, Grant Petersen, com seu *know how* desmistifica inúmeras pré-concepções que temos sobre o ciclismo, demonstrando por meio de suas próprias experiências que pedalar é algo fácil e prazeroso. O livro é organizado e escrito de forma prática e sagaz, e reflete as ideias de Petersen sobre o ciclismo. Capítulos como 'Pedale como uma fada, não como um boi' e 'Como fazer sua família odiar bicicleta' mostram um lado menos convencional do ciclismo, ilustrando a 'velosofia' do autor: "Sua bicicleta é um brinquedo. Divirta-se com ela."

Pintar como passatempo
Winston S. Churchill

Pintar como passatempo é um relato afetuoso e personalíssimo feito por Winston Churchill sobre sua relação com a pintura, desde a primeira e tímida pincelada até as experiências mais complexas. O livro nos apresenta um lado espirituoso e afável de sua personalidade reconhecidamente sagaz, por meio de detalhadas descrições de suas aventuras com a tinta a óleo, sua preferida, e uma tela em branco.
Além do registro das experiências pessoais de Winston Churchill com a pintura, *Pintar como passatempo* traz um caderno de ilustrações de algumas das telas pintadas por ele em diferentes momentos de sua vida.

A sutileza bem-humorada de Winston Churchill: suas grandes tiradas
Richard M. Langworth (org.)

A sutileza bem-humorada de Winston Churchill é uma coleção das melhores citações de um dos homens mais sagazes que a humanidade já conheceu. Grande comunicador, Churchill entrou para a história como um dos maiores oradores de todos os tempos. Através de palavras instigantes, o primeiro-ministro mobilizou e motivou seus concidadãos ingleses para a guerra com discursos emocionantes. Neles, muitas vezes fazia uso de palavras antigas — as melhores, em seu entendimento. Se não encontrasse o vocábulo exato que exprimisse suas intenções, ele o inventava: são os chamados '*churchillianismos*'.

Destronando o rei
Como os brasileiros da InBev conquistaram a Budweiser – AB, um ícone americano

Julie MacIntosh

A compra de um símbolo do capitalismo americano não seria apenas o maior negócio já fechado pelos brasileiros à frente da InBev, como também os transformaria de forma incontestável nos empresários brasileiros com maior alcance global.
O Rei mencionado no título é o rei das cervejas, o grupo Anheuser-Busch, dono da cervejaria mais poderosa da América, fabricante da Budweiser.
Neste livro, Julie MacIntosh conta a sensacional história da operação de aquisição comandada pelo o grupo de brasileiros à frente da InBev, que teve como pano de fundo um *timing* perfeito e uma série de eventos inesperados.

Este livro foi impresso em São Paulo em março de 2014, pela
Imprensa da Fé para a Odisseia Editorial.
As fontes usadas são: Berthold Barskeville 11/16 o miolo e
Avenir para títulos e subtítulos.
O papel do miolo é polen soft 80g/m2 e o da capa é cartão 250g/m2.